高等学校新工科智能制造工程专业系列教材

智能制造综合实训

编著　朱延波

参编　姜潜基　王　泽　朱　伟　李建勇

主审　马炳合　张晓云　蔡锐龙

西安电子科技大学出版社

内 容 简 介

本书是结合高校现有的实训模式和实训环境，综合先进制造、工业机器人、数字孪生等技术，为构建新型智能制造实训教学而编写的。在内容编排上，全书体现了理论联系实际、聚焦行业技术发展、深入浅出的特点。本书在智能制造实训所需要的基本理论和知识的基础上，引入了实训方法，具备高校实训教学的实用性。

全书共分为 5 章，主要内容包括 3D 打印技术应用及实训、数控加工实训、智能制造工业机器人实训、数字孪生技术实训、逆向工程实训等。每章的章末均附有与课程内容紧密相关的习题，供学生练习与思考。

本书可作为智能制造相关专业学生的智能制造实训教材和参考书。

图书在版编目（CIP）数据

智能制造综合实训 / 朱延波主编. —西安：西安电子科技大学出版社，2022.8
ISBN 978-7-5606-6543-6

Ⅰ.①智…　Ⅱ.①朱…　Ⅲ.①智能制造系统—高等学校—教材　Ⅳ.① TH166

中国版本图书馆 CIP 数据核字(2022)第 111979 号

策　　划　明政珠
责任编辑　赵婧丽
出版发行　西安电子科技大学出版社(西安市太白南路 2 号)
电　　话　(029)88202421　88201467　　　邮　　编　710071
网　　址　www.xduph.com　　　　　　　电子邮箱　xdupfxb001@163.com
经　　销　新华书店
印刷单位　陕西天意印务有限责任公司
版　　次　2022 年 8 月第 1 版　　2022 年 8 月第 1 次印刷
开　　本　787 毫米×1092 毫米　1/16　印　张　11
字　　数　254 千字
印　　数　1～2000 册
定　　价　29.00 元
ISBN 978-7-5606-6543-6 / TH

XDUP 6845001-1

前　　言

随着先进制造技术与新一代信息通信技术的快速发展及不断深度融合，全球兴起了以智能制造为代表的新一轮产业变革。为加速我国制造业转型升级、提质增效，国务院发布实施《中国制造 2025》，并将智能制造作为主攻方向，以加速培育我国新的经济增长动力，抢占新一轮产业竞争制高点。因此，为更好地服务社会经济和行业需求，应用型本科和高职院校应加强学生的实践能力，注重培养创新理念，提高学生的综合能力素质，为国家培养具有创新精神和实践能力的高素质应用型技能人才。

本书以国家应用型人才培养纲要为指导，以提高学生实践技能和综合素质为目标，以行业发展趋势、技术应用方向和行业职业能力需求为导向，结合应用型本科和高职学校的特点，总结各院校的教学与教材建设方面的经验编写而成。

本书的特点是：

1. 将专业理论知识与实践技术紧密结合，以解决相关工程实际的具体问题，强调基础性和实践性。

2. 内容切合当前教学实际的要求，兼顾行业的发展现状和未来趋势。首先介绍基本理论、基本概念、常用方法等基础知识，然后选取目前行业中的典型工程案例进行实操讲解，以操作步骤为单位进行全过程讲授。

3. 吸收了与行业发展相关的最新研究成果、各学校成功的教学经验，全面贯彻最新国家标准。

4. 文字叙述简练、通俗易懂，图文配合，统一名词术语和标记符号，尽量做到深入浅出，以便于自学。

本书由西安明德理工学院朱延波编著，西北工业大学马炳合教授、陕西工业职业技术学院张晓云教授、西安精雕软件科技有限公司蔡锐龙博士审阅。第 1 章与第 5 章由朱延波、姜潜基编写；第 2 章由王泽编写；第 3 章由朱伟编写，第 4 章由李建勇编写。

本书的编写工作得到西安明德理工学院有关领导、同事的大力支持，在此深表感谢。

由于编者水平有限，加之时间仓促，欠妥之处在所难免，恳请读者批评指正。

编　者

2022 年 2 月

目　　录

第 1 章　3D 打印技术应用及实训

学习目标：
- 了解 3D 打印的概念和分类；
- 了解 3D 打印技术的工艺特点及前处理；
- 掌握模型切片软件的使用；
- 了解 3D 打印的成形精度与后处理。

1.1　3D 打印技术概述

1.1.1　3D 打印技术的原理

3D 打印(快速成形)技术是 20 世纪 80 年代末期开始商品化的一种高新制造技术，英文名称是 Rapid Prototyping(快速原型制造，也称快速成形)，简称为 RP。3D 打印技术将计算机辅助设计(CAD)、计算机辅助制造(CAM)、计算机数字控制(CNC)、激光、精密伺服驱动和新材料等集于一体。

3D 打印技术是一种以参数化模型为基础，使用粉末状金属材料或热熔性塑料等高黏合材料，通过逐层堆积的方式来制造物体的技术，又被称为增材制造。3D 打印是通过相应的数字化打印机来实现的，在工业生产、建筑工程、航空航天、医疗等领域用于模型的制造，具有效率高、成本低、结构完善的优势。随着技术和材料的不断进步，3D 打印也逐渐应用于产品的直接制造，目前已经有应用这种技术打印而成的飞机、汽车等工业产品的零部件投入市场。

3D 打印对计算机中设计完成的工件的 3D 设计模型进行 Z 向分层切片，得到各层截面的二维轮廓；按照这些轮廓，打印头逐层形成各个截面轮廓(固化每层的液态树脂，切割每层的纸，烧结每层的粉末材料，喷涂每层的热熔材料或黏结剂等)，逐步顺序叠加，层层打印堆积制作；再经过后处理，形成与三维模型一致的实体工件。3D 打印的原理如图 1-1 所示。

3D 打印快速成形技术彻底摆脱了传统的"去除"加工法——去除大部分毛坯上的材料来得到工件，而采用全新的"增加"加工法——用一层层的小截面逐步叠加成大工件，将复杂的三维加工分解成简单的二维加工的组合。因此，它不必采用传统的加工机床和加工模具，只需用传统加工方法的 10%～30% 的工时和 20%～35% 的成本，就可以直接制造出产品的样品或模具。

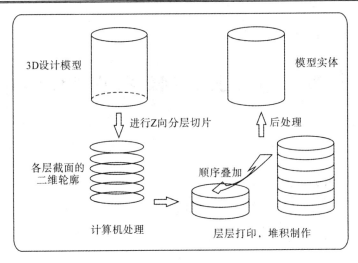

图 1-1　3D 打印原理

1.1.2　3D 打印成形过程

3D 打印成形过程如图 1-2 所示。由于 3D 打印机只能接受计算机软件构造的三维模型，然后才能进行切片处理，因此，应使用计算机辅助设计软件构造产品的三维模型。

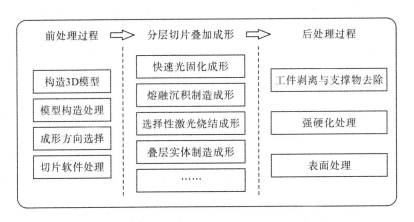

图 1-2　3D 打印成形过程

3D 打印技术的制造工艺全过程可以分为以下三个步骤。

(1) 前处理过程。

前处理过程通常是指在 AutoCAD、UG、Solidworks、CATIA 等三维建模软件中，进行三维模型的构造、三维模型的近似处理、模型成形方向的选择和三维模型的切片处理。

(2) 分层切片叠加成形。

分层切片叠加成形是 3D 打印的核心，这一过程是根据工艺需求在对应的数字化打印机上实现的，包括模型截面轮廓的制作与截面轮廓的叠合。

(3) 后处理过程。

后处理过程包括工件打印完成后从打印机工作台上剥离，去除生成的支撑物结构，对光敏树脂成形模型进行固化，对模型孔洞处进行修补，对成形模型粗糙表面进行打磨、抛光和强化处理等。

1.1.3　3D 打印机及其成形工艺原理

3D 打印机是截面轮廓制作和截面轮廓叠合的基本设备。截面轮廓制作，是指 3D 打印机根据切片软件处理得到的截面轮廓，在计算机的控制下，用打印头在 X-Y 平面内自动按截面轮廓运动；截面轮廓叠合，是指通过改变 Z 向高度，将一层层制作的截面轮廓叠加，完成零件的打印。

现在，已有多种商品化的采用 3D 打印技术的 3D 打印机，这些打印机的结构和采用的原材料有所不同，但都是基于这种截面轮廓叠合的成形原理，用一层层截面轮廓逐步叠加成三维工件。

最典型的 3D 打印成形工艺有如下几种。

1. 快速光固化成形

快速光固化成形(Stereo Lithography Apparatus，SLA)是最早发展起来的快速成形技术。目前，SLA 已成为成熟且广泛应用的 3D 打印典型技术之一，它以光敏树脂为原料，通过计算机控制紫外激光使材料凝固成形。这种方法在加工技术领域中具有划时代的意义，能简捷、全自动地制作出采用其他加工方法难以完成的复杂立体形状。

光固化成形的工艺原理如图 1-3 所示。容器中盛满液态光敏树脂，激光器发出的激光束在控制系统的控制下，通过扫描镜按零件的各分层截面信息在光敏树脂液面进行逐点扫描，使被扫描区域的树脂薄层产生光聚合反应而固化，形成零件的一个薄层；当一层固化完毕后，升降台下移一个层厚的距离，以使在之前固化好的树脂表面再固化一层新的液态树脂，固化的树脂表面相互黏合；然后进行下一层的扫描加工，新固化的一层牢固地黏结在前一层上，如此重复，直至整个打印件制造完毕。

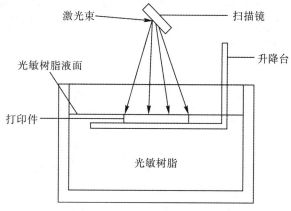

图 1-3　光固化成形工艺原理

2. 叠层实体制造成形

叠层实体制造成形(Laminated Object Manufacturing，LOM)是几种成熟的快速成形制造技术之一。由于叠层实体制造成形材料多使用纸质材料，这种制造设备和制造工艺成本低廉，制件精度高，而且制造出来的原型表面具有木质的美感和一些特殊的品质，因此受到了较为广泛的关注，在产品概念设计可视化、造型设计评估、装配检验、熔模铸造型芯、砂型铸造木模、快速制造母模以及直接制模等方面得到了广泛应用。

叠层实体制造成形的工艺原理如图 1-4 所示。首先在升降台上制作模型基底，升降台下降，送料筒送进一个步距的纸材，工作台回升，热压滚筒滚压背面涂有热熔胶的纸材，将当前层与原来制作好的层或基底粘贴在一起，设备层切激光根据模型当前的截面轮廓控制进行切割，逐层制作，并将当前的多余废料自动去除，最终通过每层的叠加形成实体模型。

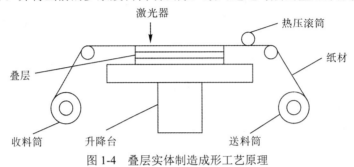

图 1-4　叠层实体制造成形工艺原理

3. 熔融沉积制造成形

熔融沉积制造成形(Fused Deposition Modeling，FDM)是继快速光固化成形和叠层实体制造成形工艺后的另一种应用比较广泛的快速成形工艺。与快速光固化成形技术使用液态光敏树脂不同的是，它使用的是固态丝状的热熔性材料，一般为 ABS(Acrylonitrile Butadiene Styrene)和 PLA (Poly Lactic Acid)两种不同的工程材料，固态丝状材料的直径为 1.75 mm。

熔融沉积制造成形工艺原理如图 1-5 所示。熔融沉积又叫熔丝沉积，其原理是丝状的热熔性材料通过导向头被喷头加热熔化后挤出来。喷头可沿着 X 轴方向移动，而工作台则沿着 Y 轴方向移动。如果热熔性材料的温度始终高于固化温度，而成形部分的温度低于固化温度，就能保证热熔性材料被挤出喷头后，与工作台表面的热板黏合生成模型底层。同理，底层附着在工作台上后，每一层挤出的材料都与前一层表面结合在一起，每个层面沉积完成后，工作台按预定的增量沿 Z 轴方向下降一个层的厚度，再继续 X-Y 平面的熔融堆积，直至完成整个实体造型。

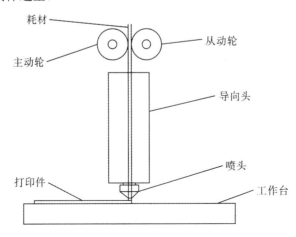

图 1-5　熔融沉积制造成形工艺原理

4. 选择性激光烧结成形

选择性激光烧结成形(Selective Laser Sintering，SLS)又称为选区激光烧结，它是目前在航空航天和汽车零部件制造领域使用最多的 3D 打印技术。

SLS 工艺是利用粉末材料(金属粉末或非金属粉末)在激光照射下烧结的原理，在计算机控制下层层堆积成形。SLS 的原理与 SLA 十分相似，主要区别在于所使用的材料及其形状不同。SLA 所用的材料是液态的紫外光敏可凝固树脂，而 SLS 则使用粉末状的材料。这是该项技术的主要优点之一，因为理论上任何可熔的粉末都可以用来制造模型，所以这样的 3D 打印模型可以选择的材料较为广泛。

选择性激光烧结成形工艺原理如图 1-6 所示。选择性激光烧结加工过程是采用铺粉滚筒将一层粉末材料平铺在已成形零件的上表面，并加热至恰好低于该粉末烧结点的某一温度，控制系统控制激光束，通过扫描镜按照该层的截面轮廓在粉层上扫描，使粉末的温度升至熔点，进行烧结并与下面已成形的部分黏结。当一层截面烧结完后，工作台下降一个层的厚度，铺粉滚筒又在上面铺上一层均匀密实的粉末，进行新一层截面的烧结，直至完成整个模型。在成形过程中，未经烧结的粉末对模型的空腔和悬臂部分起着支撑作用，不必像 SLA 和 FDM 工艺那样另行生成支撑工艺结构。

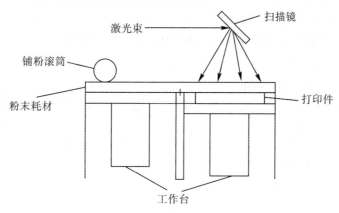

图 1-6　选择性激光烧结成形工艺原理

当实体构建完成并在原型部分充分冷却后，粉末块会上升到初始的位置，将其拿出并放置到工作台上，通过人工用刷子将工件表面残留的部分粉末去除，其余细小的残留粉末可用压缩空气除去。

5. 其他 3D 打印成形工艺

3D 打印成形技术作为基于分散和堆积原理的一种崭新的加工方式，自出现以来就得到了人们广泛的关注，其研究一直十分活跃。除了前面介绍的 4 种快速成形方法比较成熟之外，其他的许多技术也已经实用化，如三维喷涂黏结成形(Three-Dimensional Printing，3DP)、电子束自由成形制造(Electron Beam Freeform Fabrication，EBF)、直接金属激光烧结(Direct Metal Laser-Sintering，DMLS)、电子束熔化成形(Electron Beam Melting，EBM)、选择性激光熔化成形(Selective Laser Melting，SLM)、选择性热烧结(Selective Heat Sintering，SHS)、石膏 3D 打印 (Plaster-based 3D Printing，PP)、数字光处理 (Digital Light Procession、DLP)等。

1.2　3D 打印工艺与前处理

1.2.1　3D 打印工艺特点与工艺选择

3D 打印最初是作为快速成形的一种方法而建立的，也被称为增材制造，现在已经发展成为一种真正的制造工艺。3D 打印机使技术人员能够同时生产原型产品和最终用途产品，与传统的制造工艺相比，它具有显著的优势。实现了特殊定制，扩大了设计自由度，能够减少装配，并且可以作为一个经济高效的小批量生产过程。

1. 3D 打印工艺特点

3D 打印工艺具有以下特点：

1) 快速光固化成形工艺特点

快速光固化成形的优点：

(1) 成形过程自动化程度高；

(2) 尺寸精度高，SLA 原型的尺寸精度可以达到 ± 0.1 mm；

(3) 表面质量优良，虽然在每层固化时侧面及曲面可能出现台阶，但是上表面仍可得到玻璃状的效果；

(4) 可以制作结构十分复杂的模型；

(5) 可以直接制作面向熔模精密铸造的具有中空结构的消失模具。

快速光固化成形的缺点：

(1) 制件易变形；

(2) 设备运转及维护成本较高；

(3) 可选择使用的材料较少；

(4) 液态树脂有气味和毒性，并且需要避光保护，以防止提前发生聚合反应，选择时有局限性；

(5) 成品需要二次固化；

(6) 打印出的构件较脆，易断裂，性能不如常用的工业塑料。

2) 叠层实体制造成形工艺特点

叠层实体制造成形的优点：

(1) 原型精度高；

(2) 有较高的硬度和较好的机械性能，可进行各种切削加工；

(3) 无须后固化处理；

(4) 无须设计和制作支撑结构；

(5) 废料易剥离；

(6) 原材料价格便宜，原型制作成本低；

(7) 设备可靠性高，寿命长。

叠层实体制造成形的缺点：

(1) 不能直接制作塑料工件；

(2) 工件的抗拉强度和弹性不够好；

(3) 工件易吸湿膨胀；

(4) 工件表面有台阶纹。

3) 熔融沉积制造成形工艺特点

熔融沉积成形的优点：

(1) 系统构造原理和操作简单，维护成本低，系统运行安全；

(2) 可以使用无毒的原材料，设备系统可在办公环境中安装使用；

(3) 用于制造蜡成形的零件原型，以便后期直接用于失蜡铸造；

(4) 可以成形任意复杂程度的零件，常用于成形具有很复杂的内腔、孔等的零件；

(5) 原材料在成形过程中无化学变化，制件的翘曲变形小；

(6) 原材料利用率高，且材料寿命长；

(7) 支撑去除简单，无须化学清洗，分离容易。

熔融沉积成形的缺点：

(1) 成形件的表面有较明显的条纹；

(2) 沿成形轴垂直方向的结合强度比较弱；

(3) 需要设计与制作支撑结构；

(4) 原材料价格昂贵。

4) 选择性激光烧结成形工艺特点

选择性激光烧结成形的优点：

(1) 可直接制作金属制品；

(2) 可选用多种材料制作模型；

(3) 制造工艺比较简单；

(4) 无须支撑结构；

(5) 材料利用率高。

选择性激光烧结成形的缺点：

(1) 原型表面粗糙；

(2) 烧结过程中会挥发出异味；

(3) 需要比较复杂的辅助工艺。

2. 制造工艺的选择

传统制造工艺有四大类：注塑成形、数控加工、成形和连接。与 3D 打印工艺类似，每个制造工艺都有其优点和缺点。选择正确的制造工艺可以帮助技术人员完成较为合适的制造过程，而对于选择方式则要根据产品的运用需求。在确定合适的制造工艺时，技术人员必须弄清楚以下几个重要的问题。

(1) 数量，即生产运行数量多少。

传统的制造工艺，如注塑成形和成形，更适合大规模制造；而 3D 打印工艺适合更经济的小批量制造。

(2) 交货期，即需要多久得到零件。

传统的制造技术要求模具制造在工厂的快速生产。因此，第一个部件开发可能需要15～60天(有时甚至更长时间)。而通过3D打印技术，零件可以按需打印和装运，且无须过渡时间，因此首件交付周期最短为2天或3天。

(3) 产品形状的复杂性。

对于高度复杂的零件，需要定制完全组装的部件或零件，使用专业的3D打印机是最佳的选择，但是产品的价格会非常高；而使用传统的制造技术，如注塑成形、数控加工或成形，都是不行的。

(4) 材料选择。

传统的制造工艺对材料的选择种类比较多。而采用3D打印工艺时，材料的种类相对较少。FDM仅限于可挤出的热塑性塑料，SLS需要特定于机器的热塑性粉末，而SLA仅限于光固化酰化物和环氧树脂。

(5) 技术考虑。

3D打印是一个叠加层的过程，这意味着表面光洁度根据每个附加层的厚度进行约束。视所有3D打印技术工艺而定，表面感觉粗糙或有棱纹，特别是在曲面上。与普通3D打印机相比，高质量3D打印机的打印层更薄，从而可获得更好的表面光洁度。注：采用注塑成形和成形工艺获得的表面更平滑，也可以产生所需的表面纹理。

(6) 选择适合产品的制造工艺。

对于小批量生产、高复杂度零件、完全组装的零件、需要定制的零件，或者需要快速完成的零件，使用专业的3D打印机是最佳选择。然而，如果材料性能和表面光洁度要求高，复杂度低，制造量低，那么数控加工可能是一个更好的选择。对于相对简单的部件的大批量制造，可以选择注塑成形工艺。

3. 不同成形工艺所需的材料

不同的成形工艺所需的成形材料也是不相同的。3D打印材料的选择如表1-1所示。

表 1-1　3D 打印材料

工艺方法	简称	成 形 材 料
快速光固化成形	SLA	光敏树脂复合材料
叠层实体制造成形	LOM	陶瓷、纸材
熔融沉积制造成形	FDM	熔丝线材、FDM陶瓷材料、木塑复合材料、FDM支撑材料
选择性激光烧结成形	SLS	高分子粉末材料、石蜡粉末材料、陶瓷粉末材料、覆膜砂粉末材料、塑料粉末材料、金属粉末材料
三维喷涂黏结成形	3DP	塑料材料、金属材料、陶瓷材料

表1-1所示材料均为目前3D打印所使用的成形材料。随着材料学科的进步，能够使用的新型材料也在逐步增加。但不同材料的使用成本存在着较大的差异。优良的材料所制造成形的产品在成形质量、机械强度和表面光洁度等方面表现优异，但成本相对来说都比较高昂，无法用于批量生产；而一般的材料虽然制造出来的参数指标与技术指标有一定的差距，但成品的缺陷能够通过修补、后固化等后处理方式解决，性价比较高，使用较为广泛。所以一般要根据产品的要求来选择最佳的成形材料。

1.2.2 模型构造及格式设置

1. 模型构造

3D 打印最开始的工作就是确立需要制造的工件的数字化模型。如图 1-7 所示,以图纸为例,在 UG 软件下先完成模型的三维数字化模型构造。

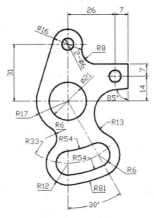

图 1-7 模型图纸

打开 UG 软件,如图 1-8 所示,点击"新建",在"模型"环境下,选择一个合适的保存路径,建立一个独立的模型文件夹,单位选择"毫米",点击"确定",打开"建模"模块。

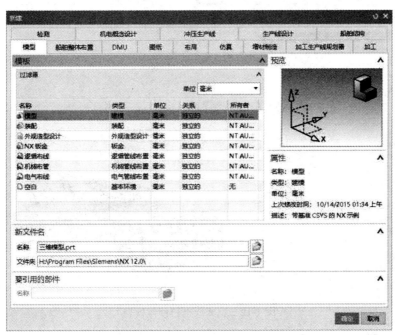

图 1-8 模型图纸

如图 1-9 所示,在"直接草图"选项卡中点击"草图",再根据模型图纸所标记的尺寸,使用线条工具建立模型的二维草图。完成草图的线框搭建,如图 1-10 所示。

图 1-9　建立草图

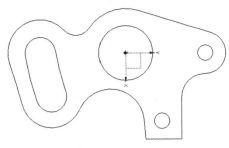

图 1-10　草图的线框搭建

　　线框草图搭建好后，如图 1-11 所示，在"特征"选项卡中点击"拉伸"，弹出如图 1-12(a) 所示的界面，选择曲线为草图曲线，方向为指定矢量，拉伸限制为 10 mm，无布尔运算，点击"确定"，生成如图 1-12(b)所示的线框拉伸体模型。

图 1-11　拉伸选项

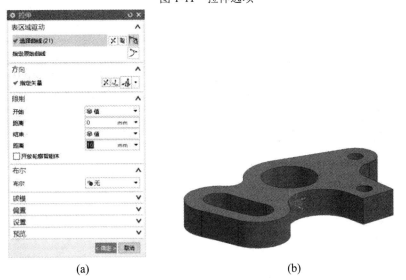

(a)　　　　　　　　　　　　　　(b)

图 1-12　生成线框拉伸体模型

2. 格式设置

　　在进行 3D 打印的时候，通常会遇到一些不同文件的格式，每种格式都有自己的特点。它们有的和 3D 打印机制造商相关，有的直接由扫描仪创建。常见的 3D 打印格式有 STL、

OBJ、AMF 和 3MF 四种。

1) STL 格式

目前，STL 文件格式已成为全世界 CAD/CAM 系统接口文件格式的工业标准，是 3D 打印机支持的最常见的文件格式。

STL 文件格式有两种：一种是 ASCII 文本格式，特点是可读性好，可直接阅读；另一种是二进制格式，占用磁盘空间小，为 ASCII 文本格式的 1/6 左右，但可读性差。无论是 ASCII 文本格式，还是二进制格式，STL 文件格式都非常简单，具有易于生成及分割、算法简单等特点，另外其输出精度也能够很方便地控制。

2) OBJ 格式

OBJ 文件格式是一种基于工作站的 3D 建模和动画软件 Advanced Visualizer 开发的标准 3D 模型文件格式，很适合用于 3D 软件模型之间的数据交换。比如，在 3ds Max 或 LightWave 中新建了一个模型，想把它调到 Maya 里面渲染或动画，导出 OBJ 文件就是一种很好的选择。OBJ 主要支持多边形模型。

由于 OBJ 格式在数据交换方面具有便捷性，因此目前大多数三维 CAD 软件都支持 OBJ 格式，多数 3D 打印机也支持使用 OBJ 格式进行打印。

3) AMF 格式

AMF 文件格式是以目前 3D 打印机使用的 STL 格式为基础、弥补了其弱点的数据格式，这种格式能够记录颜色信息、材料信息及物体内部结构等，能够用数字公式记录造型物内部的结构，能够指定在造型物表面印刷图像，还可指定 3D 打印时最高效的方向。另外，还能记录作者的名字、模型的名称等原始数据。

4) 3MF 格式

3MF 文件格式能够更完整地描述 3D 模型，除了几何信息外，还可以保持内部信息、颜色、材料、纹理等其他特征，是一种具有可扩充性的数据格式，能够更完整地描述 3D 模型。

下面将图 1-12 所示的模型转为 3D 打印中最常用的 STL 格式。如图 1-13 所示，点击"菜

图 1-13　导出 STL 格式文件

单"→"文件"→"导出"→"STL"，在弹出的对话框中选择对象为拉伸体，设置导出
路径，输出文件类型为二进制，将弦公差设为 0.0025，角度公差设为 8，点击"确定"就
在保存路径下生成了 STL 文件。

1.2.3　切片软件

切片软件是 3D 打印成形的核心，包括模型截面轮廓的制作与截面轮廓的叠合。切片
软件的功能就是把一个完整的三维模型分成很多层。常见的通用切片软件有 Cura、Repetier
Host、Miracle 3D 等，在实训中只简述这三种软件，这三种软件在使用中各有优势。

1. Cura

Cura 是 Ultimaker 公司所开发的产品，刚开始主要是为该公司自身的 3D 打印机配套使
用，后来逐渐开源该切片软件。Cura 是目前市场上使用最为广泛的开源切片软件，Cura 具
有快速简洁的切片功能，具有跨平台、开源、使用简单等优点，能够自动进行模型准备，
模型切片，如图 1-14 所示。

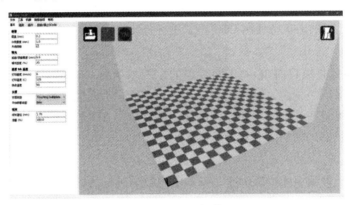

图 1-14　Cura 软件

2. Repetier Host

Repetier Host 这款软件使用便捷，易于设置，具有手动调试，模型切片等一系列功能。
很多 DIY 组装 3D 打印的技术人员都在用这款软件，尤其是在没有显示屏的设备上，用这
款软件是最好的，如图 1-15 所示。

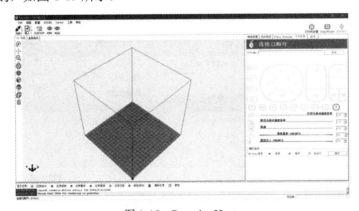

图 1-15　Repetier Host

3. Miracle 3D

Miracle 3D 界面与 Cura 较为相似，但该软件是一款功能丰富的 3D 打印切片软件，在官方的平台上可以选择下载自己使用的语言包，方便技术人员在调用设计功能的时候使用。本软件在设计图形的时候可以选择多种构建方案，3D 立体图可以用于分析物体变化的过程，采用高质量的设计方式，保证输出图像的时候可以提供高清的浏览效果，并提供更专业的颜色渲染工具，在处理图像的时候得到逼真的效果，如图 1-16 所示。

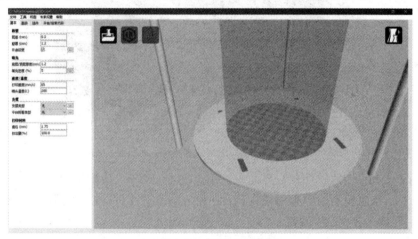

图 1-16　Miracle 3D

现在各种切片软件的最新版也修改了很多参数，都是在往更高水平的发展。但真正选用什么切片软件来生产制造，还是要看打印机是什么样的。s3d 支持所有的打印机，cura 适用于所有使用 G 代码的打印机，如果你的打印机是 makerbot 系列的，那只能使用自带的或者该系列的软件了，因为它识别文件的格式是.x3g。

在下面的实训中我们将选用 Cura、Repetier-Host 这两种切片软件进行讲解。

1.3　3D 打印技术实训

1.3.1　模型成形方向的选择

在本次实训中将使用两款软件对两种不同的 STL 模型进行切片处理及打印，这两个模型分别是作为工业件模型代表的涡轮风扇发动机的前风扇、作为艺术品模型代表的霸王龙头骨，使用的两款软件分别是 Cura 和 Repetier-Host，这两款软件的图标如图 1-17 所示。

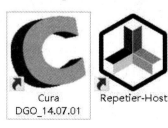

图 1-17　切片软件

1. 实例一　基于 Cura 切片软件的涡轮风扇 3D 打印(工业件)

本实例将对涡轮风扇进行 3D 打印，实际生活中该模型主要应用在航空发动机、散热器等领域，原模型如图 1-18 所示。

图 1-18　涡轮风扇原模型

双击打开 Cura 切片软件，在界面左上角点击 Load 导入模型按钮，会弹出"打开 3D 模型"对话框，按照模型的保存路径找到"涡轮风扇.stl"文件，单击打开，如图 1-19 所示。

图 1-19　导入模型路径

导入模型后，模型与打印平面的位置关系呈现为竖直状态，如图 1-20 所示，这种模型方向是不适用于 3D 打印该模型的，底面接触面过小无法与工作面充分接触，也不利于支撑物的生成，需要将模型的成型方向进行更改。

图 1-20　导入模型

　　导入模型后，在切片软件左下角有三个按钮，这三个按钮分别是对模型的旋转、放缩、镜像，在该模型中使用旋转功能来修改模型的成形方向。如图 1-21 所示，点击 Rotate 旋转按钮，会展现出对应 X/Y/Z 三个坐标轴方向的旋转线，根据模型选择以 Y 轴对应的绿线旋转 180°，这个成形方向使模型的平底面与工作台平齐，使该模型与工作台接触面积最大且无需生成支撑，是理想的成形方向。

图 1-21　旋转模型方向

旋转好模型确立成形方向后，就可以使用切片软件对模型进行切片了，成形方向如图 1-22 所示。

图 1-22　模型成形方向

2. 实例二　基于 Repetier-Host 切片软件的霸王龙头骨 3D 打印(工艺品)

本实例中将对一副霸王龙头骨的模型进行 3D 打印，模型如图 1-23 所示。该模型主要分为上颚与下颚两个部分进行分开打印制作。

图 1-23　霸王龙头骨原模型

首先打开 Repetier Host 软件界面，如图 1-24 所示，打开软件后会展现出一个模拟的打印机界面，是一个以 X/Y/Z 三坐标构建的三维空间。在界面右侧点击物体放置，增加模型，弹出添加 STL 文件对话框，按照模型的保存路径找到"上颚.stl"文件，单击打开，如图 1-24 所示。

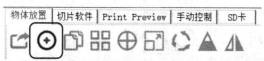

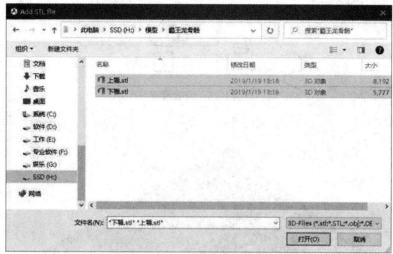

图 1-24　添加 STL 文件

　　导入切片软件中的模型如图 1-25 所示，尺寸已经超出了软件预计尺寸，所以要将模型进行缩放。

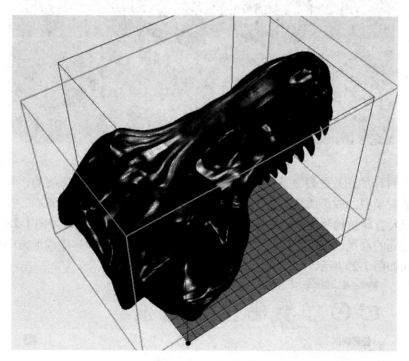

图 1-25　导入模型

　　导入模型后，如图 1-25 所示，模型的大小已经超过了所设置的打印机范围，在该软件下可以将导入的模型进行 3D 缩放，点击缩放物体，将 X/Y/Z 任意方向的数值均改为 0.7，将物体缩小到合理的打印大小，如图 1-26 所示。缩放后模型如图 1-27 所示。

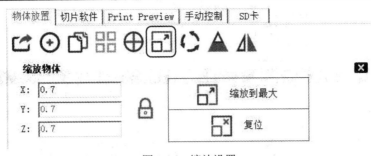

图 1-26　缩放设置

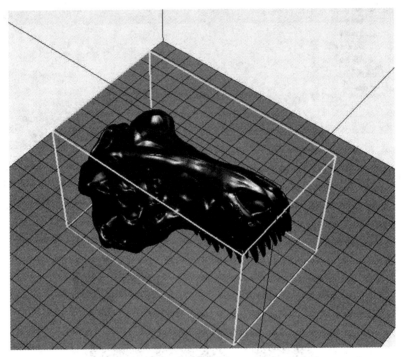

图 1-27　3D 缩放

在 3D 打印的切片处理之前，模型的摆放位置和方向也是至关重要的，模型成形方向的选择能够对模型的成形质量、支撑物的生成、打印效率、打印耗材成本、打印中底部与热床黏合以及打印结构强度等有着根本性的影响。点击旋转按钮，如图 1-28 所示，根据模型成形方向的最优选择将其绕 Y 轴旋转 125°，确定了模型的打印成形方向。确定好后的模型方向如图 1-29 所示。

图 1-28　旋转设置

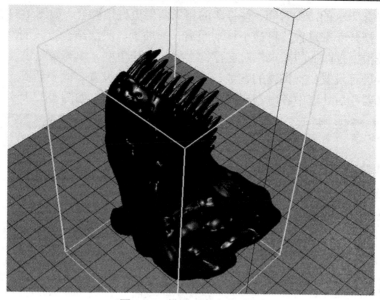

图 1-29　模型成形方向确立

1.3.2　切片软件参数设置

1. 实例一　基于 Cura 切片软件的涡轮风扇 3D 打印(工业件)

Cura 切片软件的切片操作较为简单，导入模型后在界面左侧的基本设置就可以设置切片参数。将模型导入后，结合模型进行打印参数分析，将层高设置为 0.2 mm，外壳厚度为 1.0 mm，填充密度为 20%，保证模型一定的外形精度和强度，打印速度为 6 mm/s，挤出头打印温度为 215℃，热床温度为 50℃，如图 1-30 所示。合理的打印速度和温度可以确保打印时不产生翘曲，再结合接触热床的支撑方式。

图 1-30　参数基本设置

如果基本参数设置完还要对进一步的参数进行设置，可以点击基本右侧的高级，点击高级工具栏，根据打印机实际喷嘴大小设置为 0.5 mm，打印时回抽的速度设置为 30 mm/s、回抽长度为 1 mm，初始层厚度为 0.3 mm；移动速度设置为 30 mm/s，将底层打印速度设置为 10 mm/s，保证热床第一层的结合，内部填充打印速度设置为 30 mm/s，使用冷却风扇，保证打印每层有 20 s 的冷却时间，使打印的相邻两层更好地黏合，如图 1-31 所示。在高级选项中还可以打开专家设置，将最小移动距离、回抽量、底层结合方式的参数分别进行参数设置，以及根据打印件的需求，对支撑物类型、悬挂角度、填充数量以及 X/Y/Z 三个方向的距离参数进行设置。支撑物的参数一定要结合打印件设置，既要达到一个较好的打印支撑条件，又要在后处理中容易剥离，不影响工件接触表面，如图 1-32 所示。

图 1-31　高级设置　　　　　　　　　　　　　　图 1-32　专家设置

　　所有的参数设置完成后 Cura 会将模型自动进行切片处理，待进度条走完，切片处理完成，如图 1-33 所示。点击保存路径，将程序导出，保存到 SD 卡中，如图 1-34 所示。

图 1-33　切片处理

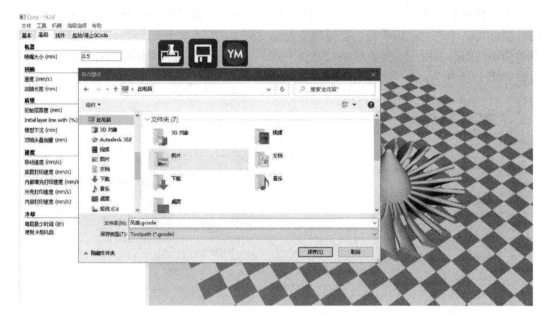

图 1-34　保存程序

2. 实例二　基于 Repetier-Host 切片软件的霸王龙头骨 3D 打印(工艺品)

导入模型准备工作做好后就可以进行切片软件处理，点击软件界面右侧切片软件按钮，设置打印的最基本参数。结合类型设置为 Brim，质量设置为 0.2 mm，支撑类型为接触热床，打印速度设置为 60 mm/s，填充密度为 25%，如图 1-35 所示。

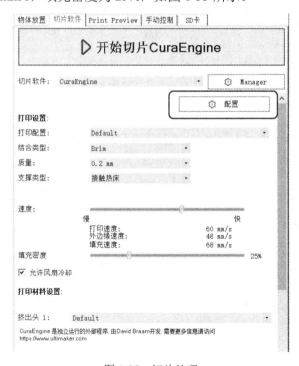

图 1-35　切片处理

除了基本参数外，在该切片软件中还可以进行高级参数设置，点击图 1-35 所示配置按钮，能够对打印的速度和质量、支撑与填充结合类型的结构、挤出装置和材料进行设置，可根据不同的模型需求，对各种参数进行不同的调整。霸王龙头骨模型的打印，具体参数设置如图 1-36 所示。

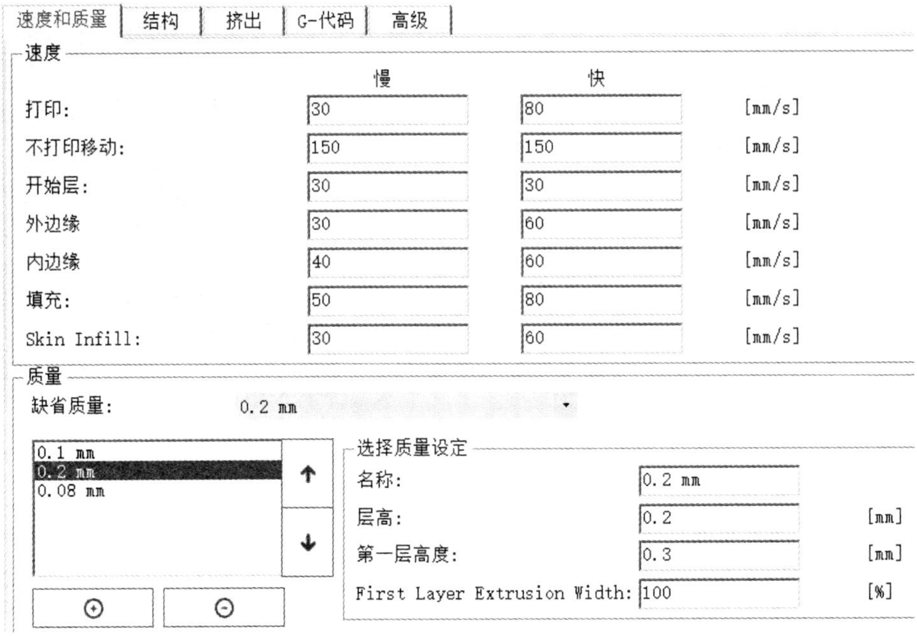

(a)

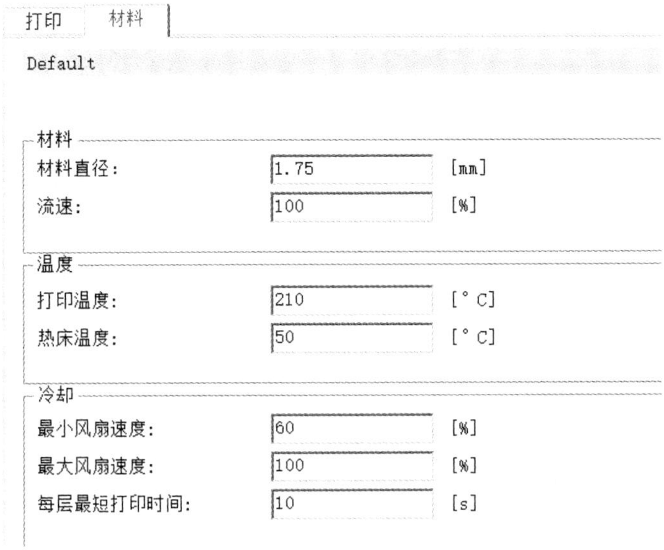

(b)

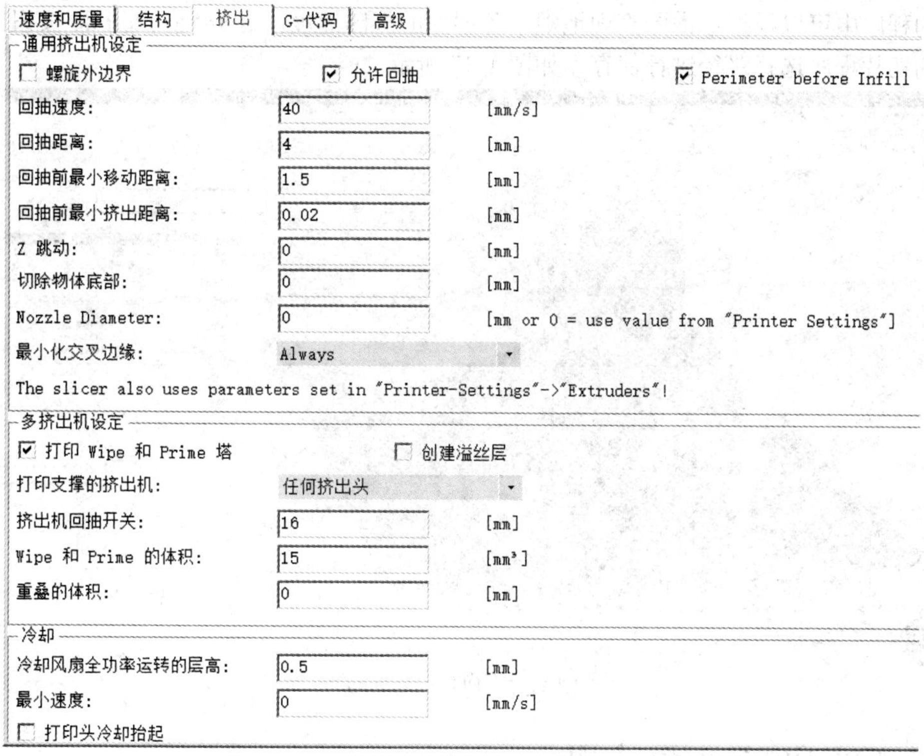

| 速度和质量 | 结构 | 挤出 | G-代码 | 高级 |

通用挤出机设定

☐ 螺旋外边界　　　　　　　☑ 允许回抽　　　　　　　☑ Perimeter before Infill

回抽速度:	40	[mm/s]
回抽距离:	4	[mm]
回抽前最小移动距离:	1.5	[mm]
回抽前最小挤出距离:	0.02	[mm]
Z 跳动:	0	[mm]
切除物体底部:	0	[mm]
Nozzle Diameter:	0	[mm or 0 = use value from "Printer Settings"]
最小化交叉边缘:	Always	

The slicer also uses parameters set in "Printer-Settings"->"Extruders"!

多挤出机设定

☑ 打印 Wipe 和 Prime 塔　　　　　☐ 创建溢丝层

打印支撑的挤出机:	任何挤出头	
挤出机回抽开关:	16	[mm]
Wipe 和 Prime 的体积:	15	[mm³]
重叠的体积:	0	[mm]

冷却

| 冷却风扇全功率运转的层高: | 0.5 | [mm] |
| 最小速度: | 0 | [mm/s] |

☐ 打印头冷却抬起

(c)

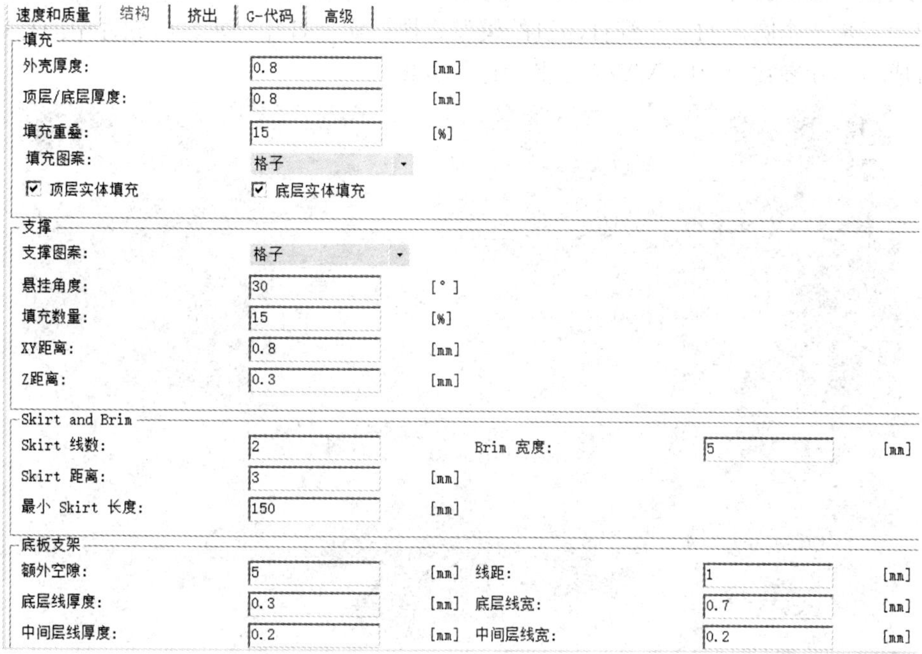

| 速度和质量 | 结构 | 挤出 | G-代码 | 高级 |

填充

外壳厚度:	0.8	[mm]
顶层/底层厚度:	0.8	[mm]
填充重叠:	15	[%]
填充图案:	格子	

☑ 顶层实体填充　　　　　　☑ 底层实体填充

支撑

支撑图案:	格子	
悬挂角度:	30	[°]
填充数量:	15	[%]
XY距离:	0.8	[mm]
Z距离:	0.3	[mm]

Skirt and Brim

Skirt 线数:	2		Brim 宽度:	5	[mm]
Skirt 距离:	3	[mm]			
最小 Skirt 长度:	150	[mm]			

底板支架

额外空隙:	5	[mm]	线距:	1	[mm]
底层线厚度:	0.3	[mm]	底层线宽:	0.7	[mm]
中间层线厚度:	0.2	[mm]	中间层线宽:	0.2	[mm]

(d)

图 1-36　切片参数

　　所有参数设置好，点击图 1-35 中的"开始切片"按钮进行切片处理，生成切片程序，切好的程序中可以根据色谱图直观地观察各层面的打印速度。点击 Save to File 按钮，对生成好的切片程序选择路径进行保存，如图 1-37 所示。

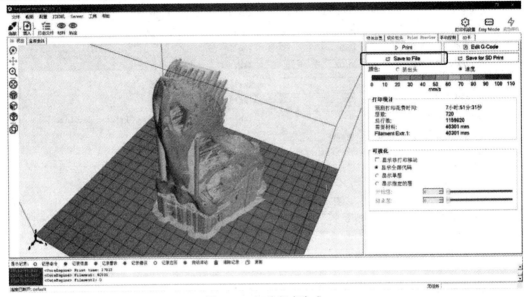

图 1-37　切片程序生成

1.3.3　3D 打印机型选择与打印

　　(1) 打开 Cura 打印界面，如图 1-38 所示，打开软件后同样会展现出一个模拟的默认打印机界面，是一个圆形的三角洲打印机的模型。根据实际打印需求，将软件中的打印机参数设置成与实际参数一致的 X/Y/Z 三坐标打印机参数。

图 1-38　Cura 打印界面

　　(2) 点击工具栏机器选项，点击机器设置，如图 1-39 所示，将最大宽度和最大深度均设置为 200 mm，最大高度设置为 160 mm，挤出头数量为 1，选用热床，构建 Square 平台形状，打印头尺寸 X/Y 的最大、最小值分别进行设置。

图 1-39　机器设置

　　(3) 进入 Repetier-Host 界面后的三维打印的空间范围也是一个默认的数值，如图 1-40 所示。后续的打印实物需要将空间范围改成和实际打印机范围大小相同。点击右上角打印机设置，可以设置电脑与打印机直连的端口，设置打印机挤出装置速度、挤出头和热板的温度，每秒最大打印材料体积，点击打印机形状，将 X/Y 最大均设置为 200，打印区域的宽度/长度/高度都设置为对应的 200，如图 1-41 所示。

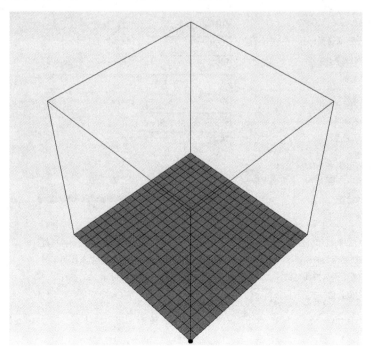

图 1-40　Repetier Host 打印界面

打印机:　　default　　　　　　　　　　　　　　　　　　　▾　🗑

连接 | 打印机 | 挤出头 | 打印机形状 | Scripts | 高级

连接端子:　　串口连接　　　　　　　　　　　　　▾　　　　　　帮助

注意: 你有一个Repetier-Server安装。我们强烈建议使用Repetier-Server连接器来代替。点击"帮助"获得更多信息。

通讯端口:　　　COM1　　　　　　　　▾

波特率:　　　　250000　　　　　　　▾

传输协议:　　　自动检测　　　　　　　▾

遇到紧急时复位　　发送紧急命令并重新连接　　　　　　　　　▾

接收缓存大小:　　127

Communication Timeout:)　　　　　　　　[s]

☐ 使用Ping-Pong 通讯（只有收到应答信号OK后才发送）

打印机的设置参数对应于上面可选择的打印机。已经列出的打印机可以直接选择。如果打印机类型未列出，
可以直接输入新名称生成新的打印机配置。新打印机的初始参数与最后选择的当前打印机相同。

(a)

连接 | 打印机 | 挤出头 | 打印机形状 | Scripts | 高级

Firmware Type:　　　　　　Autodetect　　　　　　　　　▾

挤出头水平移动速度:　　　4800　　　　　　[mm/min]

Z-方向移动速度:　　　　　100　　　　　　 [mm/min]

手动挤出速度:　　　　　　2　　　　　　20　　　　[mm/s]

手动回退速度:　　　　　　30　　　　　　[mm/s]

缺省挤出头温度:　　　　　200　　　　　　°C

缺省加热床温度:　　　　　55　　　　　　　°C

☑ 检测挤出头 & 加热床温度
☐ 从记录中移除 M105 温度请求指令
每隔 3 秒检查.　　　　　　　━━━━●━━━━━━━━

停机位:　　X:〔0〕　　　Y:〔0〕　　　Z 最小:〔0〕　　[mm]

☑ 发送 ETA 到打印机显示　　　　　　☐ 任务中断结束后回到停机位
☑ 任务中断结束后关闭挤出头　　　　　☑ 任务中断结束后关闭热床
☑ 任务中断结束后关闭电机　　　　　　☑ Printer has SD card

增加打印时间补偿　　　　8　　　[%]

反转控制方向:　　　　☐ X-轴　　☐ Y-轴　　☐ Z-轴　　☐ Flip X and Y

(b)

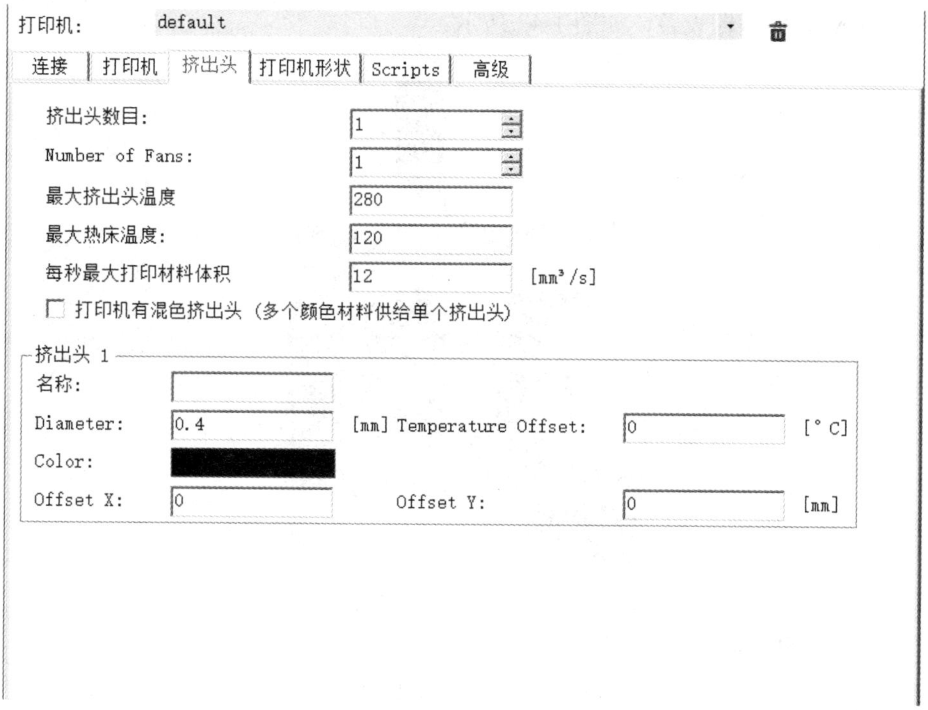

打印机:　　　default

| 连接 | 打印机 | 挤出头 | 打印机形状 | Scripts | 高级 |

挤出头数目:　　　　　　　　　　1

Number of Fans:　　　　　　1

最大挤出头温度　　　　　　　　280

最大热床温度:　　　　　　　　120

每秒最大打印材料体积　　　　　12　　　　　　　[mm³/s]

☐ 打印机有混色挤出头（多个颜色材料供给单个挤出头）

挤出头 1

名称:

Diameter:　　　0.4　　　　　[mm] Temperature Offset:　　0　　　　　[°C]

Color:

Offset X:　　　0　　　　　　　　Offset Y:　　　　　　　　0　　　　[mm]

(c)

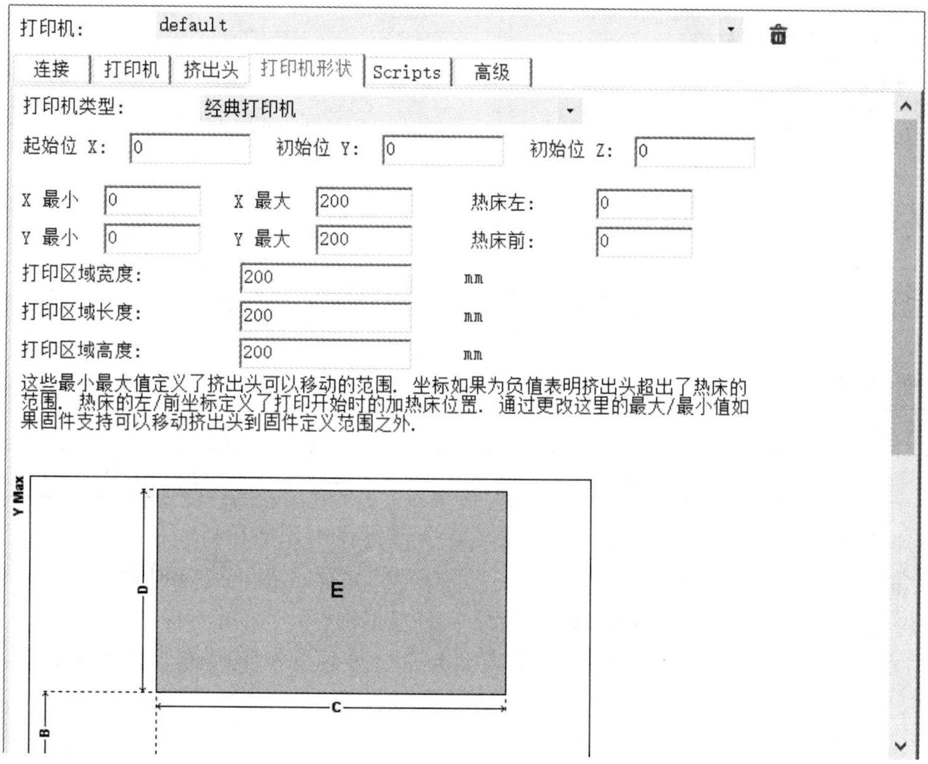

打印机:　　　default

| 连接 | 打印机 | 挤出头 | 打印机形状 | Scripts | 高级 |

打印机类型:　　　经典打印机

起始位 X:　0　　　　初始位 Y:　0　　　　初始位 Z:　0

X 最小　0　　　X 最大　200　　　热床左:　　0

Y 最小　0　　　Y 最大　200　　　热床前:　　0

打印区域宽度:　　　200　　　　mm

打印区域长度:　　　200　　　　mm

打印区域高度:　　　200　　　　mm

这些最小最大值定义了挤出头可以移动的范围. 坐标如果为负值表明挤出头超出了热床的范围. 热床的左/前坐标定义了打印开始时的加热床位置. 通过更改这里的最大/最小值如果固件支持可以移动挤出头到固件定义范围之外.

(d)

图 1-41　机器设置

选用 FDM 机型打印设备，如图 1-42 所示。

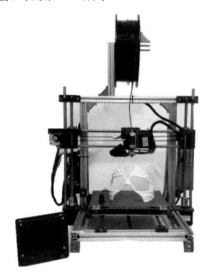

图 1-42　FDM 机型打印设备

打印机设备相关参数如表 1-2 所示。

表 1-2　打印机相关参数

尺寸 200 mm×200 mm×200 mm		整机尺寸 390 mm×400 mm×435 mm	
技术类型	熔融沉积(FDM)	定位精度	0.02(X/Y)，0.01(Z)
喷头直径	0.4 mm	层分辨率	0.1～0.4 mm
整体构架材质	工业铝合金	构件平台	CoreX/Y
X/Y/Z 结构	轴承钢	步进电机参数	1.8° 步进、1/16 微步
软　　件			
模型格式	.STL/.OBJ	操作系统	WINDOWS
文件格式	.gcode	连接方式	USB
工作参数			
储存温度	0～30℃	输入电压	220 V 50/60 Hz
工作温度	15～230℃	功率	192 W
耗材直径	1.75 mm	耗材材质	ABS1.75/PLA1.75

(4) 将切片好的.gcode 文件格式拷入到 SD 卡或优盘中，插在打印机上找到所在路径，直接读取程序就可以开始打印了。将写入打印程序的储存设备连接控制面板卡槽中，在菜单中选中程序文件进行打印(14.gcode 为储存卡中打印程序)，如图 1-43 所示。

(5) 经过一段时间后打印完成，模型表面会有一部分支撑物及连丝等多余残料，我们将打印好的模型从打印平台上剥离，使用尖嘴钳等工具将打印的支撑物小心去除，再运用雕刻刀、去毛刺刀和砂纸等工具对模型表面进行简单的打磨和抛光。完成后处理模型就算完成了，再设计一套底座和支撑杆放置模型，整个模型的制作过程就结束了，3D 打印成品涡轮风扇如图 1-44、霸王龙头骨如图 1-45 所示。

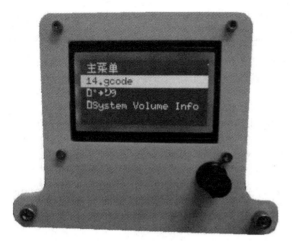

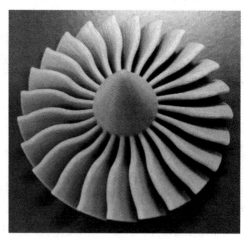

图 1-43　导入程序　　　　　　　　　　图 1-44　涡轮风扇打印成品

图 1-45　霸王龙头骨打印成品

1.4　3D 打印的成形精度与后处理

1.4.1　3D 打印的精度、效率与标准

3D 打印成形件的材质性能、精度和成形效率是制约快速成形技术应用的三个因素。

1. 影响快速成形精度的因素

3D 打印成形时，由于要将复杂的三维加工转化为一系列简单的二维加工的叠加，因此，成形精度主要取决于二维平面上的加工精度和高度方向上的叠加精度，目前快速成形技术所能达到的工件最终尺寸精度还只能是毫米的十分位水平。

影响快速成形件最终精度的主要因素有如下几个方面。

(1) CAD 模型的前处理造成的误差。

目前，对于绝大多数快速成形机而言，开始成形之前，必须对工件的三维 CAD 模型进行 STL 格式化和切片等前处理，以便得到一系列的截面轮廓。STL 格式化是用许多小三角面去逼近模型的表面，因此 STL 格式化后的模型与原始的 CAD 模型有差别，故造成了模型转换的误差。

(2) 打印机的误差。

打印机的 X、Y 和 Z 方向的运动定位误差，以及 Z 方向工作台的水平度和垂直度等，都会直接影响成形件的形状和尺寸精度。

(3) 成形过程中的误差。

成形过程中，有多种原因可能导致误差：原材料状态的变化，不一致的约束，叠层高度的累积误差，成形功率控制不恰当，工艺参数不稳定。

(4) 成形之后环境变化引起的误差。

从打印机上取下已成形的工件后，由于温度、湿度等环境状况的变化，工件可能继续变形并导致误差。成形过程中残留在工件内的残余应力，也可能由于时效的作用而部分消失并导致误差。

(5) 工件后处理不当造成的误差。

成形后的工件需进行剥离、打磨、抛光和表面喷涂(镀)等后处理，如果处理不当，对工件的形状、尺寸控制不严，也可能导致误差。

2. 成形误差的主要表现形式和衡量方法

3D 打印成形件的误差可归纳为以下三种主要表现形式。

(1) 尺寸误差。

由于多种原因，成形件与 CAD 模型相比，在 X、Y 和 Z 三方向上，都可能有尺寸误差。为衡量此项误差，应沿成形件的 X、Y 和 Z 方向，分别量取最大尺寸，测量其绝对误差与相对误差。

(2) 形状误差。

快速成形时可能出现的形状误差主要有：翘曲、扭曲、椭圆度、局部缺陷和遗失特征等。其中，翘曲误差应以工件的底平面为基准，测量其最高上平面的绝对和相对翘曲变形量。扭曲误差应以工件的中心线为基准，测量其最大外径处的绝对和相对扭曲变形量。

(3) 表面误差。

打印成形件的表面误差有台阶、波浪和粗糙度，都应在打磨、抛光和其他表面处理之前进行测量。其中，台阶误差常见于自由曲面处，波浪误差是成形件表面的明显起伏不平，粗糙度应在成形件各结构部分的侧面和上、下表面进行测量，并取其最大值。

1.4.2　3D 打印的后处理

从 3D 打印机上取下的制品往往需要进行剥离，以便去除废料和支撑结构，有的还需要进行后固化、修补、打磨、抛光和表面强化处理等，这些工序统称为后处理。例如，SLA 成形件需置于大功率紫外箱(炉)中作进一步的内腔固化；SLS 成形件的金属半成品需置于加热炉中烧除黏结剂、烧结金属粉和渗铜；TDP 和 SLS 的陶瓷成形件也需置于加热炉中烧除黏结剂、烧结陶瓷粉。此外，制件可能在表面状况或机械强度等方面还不能完全满足最终产品的需要，例如，制件的表面不够光滑，其曲面上存在因分层制造引起的小台阶，以及因 STL 格式化而可能造成的小缺陷；制件的薄壁和某些小特征结构(如孤立的小柱、薄筋)可能强度、刚度不足；制件的某些尺寸、形状还不够精确；制件的耐温性、耐湿性、耐磨性、导电性、导热性和表面硬度可能不够满意；制件表面的颜色可能不符合产品的要求等。因此在快速成形之后，一般都必须对制件进行适当的后处理。以下对剥离、修补、打磨、抛光和表面涂覆等表面后处理方法作进一步的介绍。其中，修补、打磨、抛光是为了提高表面的精度，使表面光洁；表面涂覆是为了改变表面的颜色，提高强度、刚度和其他性能。

1. 剥离

剥离是将成形过程中产生的废料、支撑结构与工件分离。虽然 SLA、FDM 和 TDP 成形基本无废料，但是有支撑结构，必须在成形后剥离；LOM 成形无需专门的支撑结构，但是有网格状废料，也须在成形后剥离。剥离是一项细致的工作，在有些情况下也很费时。剥离有三种。

(1) 手工剥离。

用手和一些简单的工具使废料、支撑结构与工件分离。

(2) 加热剥离。

当支撑材料为蜡，成形材料的熔点高于蜡时。此方法效率高，工件表面较清洁。

(3) 化学剥离。

当某种化学液能溶解支撑结构而又不会损伤工件时。此方法效率高，工件表面较清洁。

2. 修补、打磨和抛光

当工件表面有较明显的小缺陷而需要修补时，可用热熔塑料、乳胶与细粉料调和而成的腻子，或湿石膏予以填补，然后用砂纸打磨、抛光。打磨、抛光的常用工具有各种粒度的砂纸、小型电动或气动打磨机。

3. 表面涂敷

对于 3D 打印成形工件，典型的涂敷方法有以下三种。

(1) 喷刷涂料。

在工件的表面可以喷刷多种涂料，常用的涂料有油漆、液态金属和液态塑料等。喷刷涂料后能显著提高工件的强度、刚度和防潮能力。

(2) 金属电弧喷镀。

即利用两根金属丝之间的电弧放电使金属丝熔化，再把它们喷镀到工件上，形成一层金属薄壳。此方法生产效率高，成本低，操作简单。

(3) 等离子喷镀。

即利用高温等离子弧把喷枪内的金属或非金属粉末熔化，使其被喷射到需喷镀的工件表面，形成机械结合的涂层。此方法可喷镀各种金属和高熔点非金属材料(如陶瓷)，材料制备简单，工艺稳定性好，被喷镀材料不易氧化，喷镀层的材料密度高，机械性能好。

此外还有电化学沉积，无电化学沉积，物理蒸发沉积等表面涂敷方法。

本 章 习 题

1. 3D 打印技术的原理是什么?

2. 快速成形的全过程包括哪三个步骤?

3. 3D 打印机的分类都有哪些?以及不同机型使用的材料是什么?

4. 熔融沉积制造工艺的打印机结构系统有哪些?从结构上分析,对于打印精度最直接的影响是什么?

5. SLS 成形工艺周期与 SLA 相比,哪个周期长?为什么?

6. 在打印的准备工作中,切片时的速度和打印的表面质量有什么关系?填充率的大小和打印件强度又有什么关系?

7. 支撑的生成有哪些类型?各个类型有什么区别和使用特点?

8. 建立如图 1-46 所示的主动和从动齿轮模型,并将两个零件转成.stl 文件格式,导入到切片软件中进行切片并进行 3D 打印。

要求:两个齿轮按 1∶1 比例各打印一个,采用 PLA 耗材,Brim 结合类型,0.2 mm 质量喷头,无支撑类型,打印速度 60 mm/s,填充密度 25%。

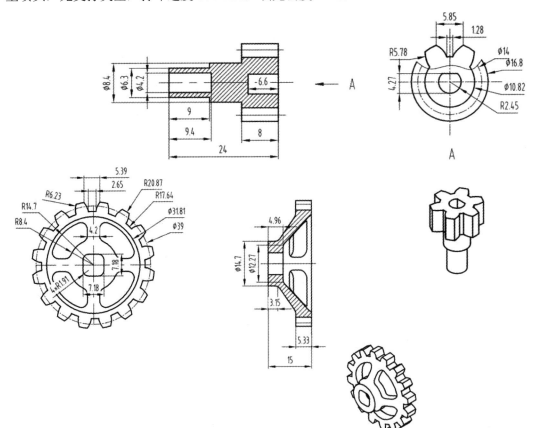

图 1-46　主动轮、从动轮

9. 如图 1-47 所示，为题 8 主动、从动齿轮的装配支架，根据图中所给尺寸，自行设计装配部件，并进行 3D 打印。

要求：设计部件与支架均进行打印，采用 PLA 耗材，打印参数根据题 8 可自行调整，但打印总时长不得超过 60 min，打印壁厚不得小于 0.8 mm。

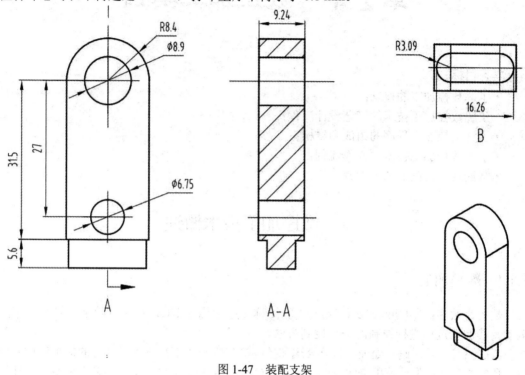

图 1-47　装配支架

第 2 章　　数控加工实训

学习目标：
- 了解数控加工的概念；
- 了解数控加工技术的工艺设计流程；
- 了解数控加工程序的组成和结构；
- 了解数控加工技术的操作流程；
- 掌握孔、铣削的加工编程。

2.1　数控加工技术概述

2.1.1　数控加工

数控是数字控制(Numerical Control)的简称，通常称为 NC，是采用数字信号对机床的运动及其加工过程进行控制的一种控制方法。

数控系统中的译码、处理、计算公式和控制的步骤一般都是预先设计好的，是通过专门用于数控的专用微型计算机来实现的，所以 NC 也称为硬件控制。反之，采用小型通用计算机或微型计算机来实现控制的称为软件控制，简称为 CNC (Computer Numerical Control)。

数控加工是一种在数控机床上加工零件的工艺方法，其本质即数控装置(系统)替代人工操作机床，进行零件加工的一种自动化加工方法。

数控加工的优点有以下几个方面：
(1) 加工精度高，质量稳定可靠；
(2) 自动化生产，效率高，周期短；
(3) 可直接从 CAD 系统中提取数据，保证数据处理的一致性；
(4) 减轻劳动强度；
(5) 有利于生产管理。

2.1.2　数控机床

数控机床是数字控制机床(Computer Numerical Control Machine Tools)的简称，是一种装有程序控制系统的自动化机床。

数控机床较好地解决了复杂、精密、小批量、多品种的零件加工问题，是一种柔性的、高效能的自动化机床，代表了现代机床控制技术的发展方向，是一种典型的机电一体化产品。

1. 数控机床的组成

数控机床的组成如图 2-1 所示。

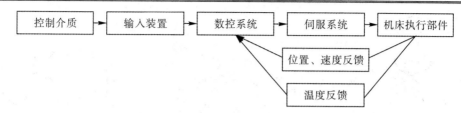

图 2-1　数控机床的组成

(1) 控制介质。数控加工时，所需的各种控制信息要靠中间载体携带和传输。控制介质上保存着加工零件所必需的全部操作信息，以及刀具和工件移动的信息，它记载着零件的加工程序。

(2) 输入装置。数控加工的程序文件需要经过传输，才能通过数控系统执行程序，起到了程序和设备连接的作用。常见的输入介质有：CF 存储卡、U 盘、磁盘等。

(3) 数控系统。数控系统是数控机床的中枢，其接收输入装置送来程序指令转化为伺服系统的脉冲信号，经过数控装置的系统软件或逻辑电路编译、运算及逻辑处理后，输出各种信号及指令，控制机床的各个部分进行规定的、有序的动作。

(4) 伺服系统和反馈。伺服系统由伺服电路、伺服驱动装置、机械传动机构及执行部件等组成。同时这些部件上也有对应的反馈装置，有位置、速度及温度传感器，可将设备的运行状态时刻传送给数控系统监控。

(5) 机床执行部件。机床的执行部件就是对应坐标系的传动轴及主轴，通过数控系统的信号控制，将需要执行的程序信号传输给各部件来执行给定的程序指令。

2. 数控机床的分类

数控机床按控制系统可分类如下：

(1) 点位控制数控机床。在加工平面内，控制刀具相对于工件的定位点的坐标位置，而对定位移动的轨迹没有要求的数控机床。

主要特点：仅能实现刀具相对于工件从一点到另一点的精确定位运动；对轨迹不作控制要求；两点之间运动过程中不进行任何加工。

适用范围：数控钻床、数控镗床、数控冲床和数控测量机。

点位控制数控机床的工作原理如图 2-2 所示。

(2) 点位直线控制数控机床。控制点与点之间的准确定位，及两个相关点之间的位移速度和路线的数控机床。

主要特点：机床移动部件不仅要实现由一个位置到另一个位置的精确移动定位，而且能够实现平行坐标轴方向的直线切削加工运动。

适用范围：简易数控车床、数控铣镗床。

点位直线控制数控机床的工作原理如图 2-3 所示。

(3) 轮廓控制数控机床。对刀具相对工件的位置，刀具的进给速度以及它的运动轨迹严加控制的机床。

主要特点：具有控制几个进给轴同时协调运动(坐标联动)，使工件相对于刀具按程序规定的轨迹和速度运动，在运动过程中进行连续切削加工的数控系统。

适用范围：数控车床、数控铣床、加工中心等用于加工曲线和曲面的机床。现代的数控机床基本上都是装备的这种数控系统。

轮廓控制数控机床的工作原理如图 2-4 所示。

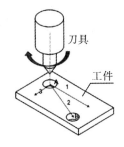 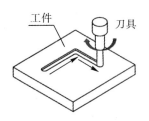 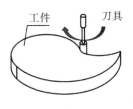

图 2-2　点位控制数控机床　　图 2-3　点位直线控制数控机床　　图 2-4　轮廓控制数控机床

数控机床按工艺用途可分类如下：

(1) 数控铣床，如图 2-5 所示。

(2) 数控加工中心，如图 2-6 所示。

(3) 线切割机床，如图 2-7 所示。

图 2-5　数控铣床　　　　图 2-6　数控加工中心　　　　图 2-7　线切割机床

数控机床按伺服系统可分类如下：

(1) 开环数控系统。开环数控系统的工作原理如图 2-8 所示。

(2) 半闭环数控系统。半闭环数控系统的工作原理如图 2-9 所示。

(3) 全闭环数控系统。全闭环数控系统的工作原理如图 2-10 所示。

半闭环数控系统与全闭环数控系统的主要区别在于检测与反馈单元的位置不同。

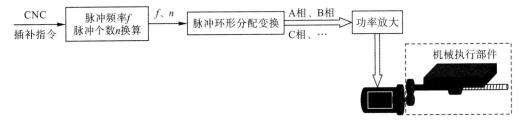

图 2-8　开环数控系统

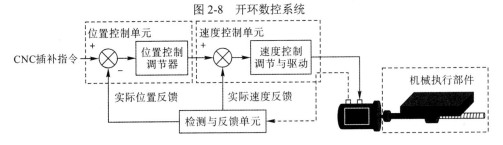

图 2-9　半闭环数控系统

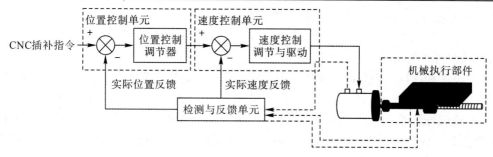

图 2-10　全闭环数控系统

2.2　数控加工工艺设计

在数控机床进行加工时，其工艺特点与普通机床的加工工艺相似，但是由于数控加工具有高效、高精度、高度自动化等特点，数控加工工艺有其自身的特殊性，即在加工过程中需要将加工零件的全部工艺过程、工艺参数等编制成程序，因此数控加工工艺具有工序内容复杂、工步安排更为详尽等特点。

2.2.1　数控加工过程

数控编程是指从零件图纸到获得数控加工程序的全过程,其内容与步骤如图 2-11 所示。

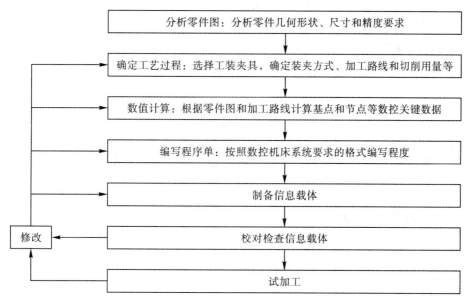

图 2-11　程序编程流程

数控加工过程可归纳为以下几个方面。

1. 分析零件图样和工艺处理

通过对零件图样进行分析，可以明确加工内容和要求，确定加工方案，选择合适的数控机床，设计夹具，选择刀具，确定合理的走刀路线，选择合理的切削用量等。

工艺处理涉及的问题较多，编程人员需要注意以下几点：

(1) 确定加工方案。确定加工方案时，应考虑数控机床使用的合理性及经济性，以充分发挥数控机床的功能。

(2) 设计和选择工夹具。在此过程中，应特别注意要快速完成工件的定位和夹紧过程，以减少辅助时间。此外，所用夹具应便于安装，便于协调工件和机床坐标的尺寸关系。

(3) 正确选择编程原点及编程坐标系。编程原点及编程坐标系的选择原则为：所选的程序原点及编程坐标系应与设计基准相重合；编程原点应选在容易找正、在加工过程中便于检查的位置；引起的加工误差小。

(4) 选择合理的走刀路线。选择走刀路线时应考虑：尽量缩短走刀路线，减少空走刀行程，提高生产效率；合理选择起刀点、切入点和切入方式，保证过渡平稳，无冲击；保证加工零件的精度和表面粗糙度；保证加工过程的安全性，避免刀具与非加工面的干涉；有利于简化数值计算，减少程序段和编制程序的工作量。

(5) 选择合理的刀具。应根据工件材料的性能、机床的加工能力、加工工序的类型、切削用量以及其他与加工有关的因素来选择刀具，并确定合理的切削用量。

2. 数值计算

在完成工艺处理后，需根据零件的几何尺寸、加工路线和刀具半径补偿方式计算刀具运动轨迹，以获得刀位数据。一般数控系统都具有直线插补、圆弧插补和刀具补偿功能。

3. 编写零件加工程序单

按照所使用的数控装置规定使用的功能指令代码及规定的程序格式，逐段编写零件加工程序单，并附加工示意图、刀具布置图、机床调整卡、工序卡以及必要的说明。

4. 选择合适的控制介质

控制介质有穿孔纸带、穿孔卡、磁带、软盘和硬盘等。

5. 程序验校和首件试切

程序单和控制介质必须经过检验和试切才能正式加工。对于平面轮廓，可在机床上采用抬高 Z 平面走空刀的方式进行轨迹检验，或在数控系统中进行程序检查和图形显示检测；对于空间曲面零件，采用铝、塑料、石蜡或木料等易切材料可采用低倍速下刀进行试切。

2.2.2 工件的数控工艺分析

数控加工工艺分析是数控编程的核心内容之一，其涉及内容很多，在实训中主要考虑以下几个方面。

1. 确定加工工艺规程

确定数控加工工艺规程时应充分考虑数控加工的特点。一方面，以数控加工中心为例，在制订工艺规程时应按照工艺集中原则，尽可能减少装夹次数。另一方面，在工序的制订中应当遵循：基面先行原则，即用作精基准的表面应优先加工；先粗后精原则，即各表面的加工按照粗加工 →半精加工→精加工→光整加工的顺序进行，逐步提高零件表面的加工精度。

2. 选择工装

数控加工中工装的选择主要包括刀具和夹具的选择。

选择刀具时，通常要考虑机床的加工能力、工序内容和工件材料等因素。数控加工不仅要求刀具的精度高，刚度好，耐用度高，而且要求尺寸稳定，安装调整方便。因此，选择刀具时，应在考虑材料特点、机床类型和加工条件的基础上首先选择经济性好的常用数控刀具。

选择夹具时要考虑以下几点：

(1) 要保证夹具的坐标方向与机床的坐标方向相对固定；

(2) 要协调零件和机床坐标系的尺寸关系；

(3) 要尽量采用组合夹具、可调式夹具和其他通用夹具，以缩短生产准备时间，节省生产费用；

(4) 要尽量保证零件装卸快速、方便、可靠，以缩短机床的停顿时间；

(5) 要保证夹具上各零部件不妨碍机床对零件各表面的加工，即夹具要开敞，其定位夹紧机构元件不能影响加工中的走刀(如产生碰撞等)。

3. 选择编程坐标系

编程坐标系即工件坐标系，其可以使编程过程中的数值计算简单直观，不易出错，也能简化对刀过程，减小定位误差。

2.3 程序与编程

2.3.1 程序组成与结构

数控程序是由一系列机床数控装置能够辨识的指令按照规定的格式组成的，可分为程序名、程序段和程序结束三个部分。程序中的每一行都可以看作一个程序段，每个程序段至少由一个程序字组成，而程序字由一个地址字和数字组成。程序段格式举例如下：

N001   G91   G00   X27   X30   Z15   M03   LF

N002   …

⋮

N017   X-50   Y-40   Z14.8   M02   LF

数控程序中各代码及其含义见表 2-1。

表 2-1 各代码的含义

代码	含义	代码	含义
N	程度行号	T	刀具编号
G	准备功能	M	辅助功能
X/Y/Z	尺寸	D	半径补偿
F	进给速度	H	长度补偿
S	主轴转速	LF	程序结束

数控程序中常用准备功能的代码及作用从以下几个方面说明。

(1) 准备功能：用 G 代码表示，是使机床准备好某种工作方式的指令。常用准备功能的代码见表 2-2。

表 2-2　常用准备功能 G 代码摘要

代码	组	功　能	代码	组	功　能
G00		点位控制	G40	07	刀具径补正取消
G01	01	直线插补	G43		刀具轴向正补偿
G02		顺时针圆弧插补	G44	08	刀具轴向负补偿
G03		逆时针圆弧插补	G49		刀具轴向补偿取消
G04	00	暂停	G53	14	机械坐标系选择
G15	17	极坐标 OFF	G54	14	第一工件坐标系
G16		极坐标 ON	G73		钻孔循环(断削)
G17		XY 平面选择	G74		深孔钻削循环
G18	02	ZX 平面选择	G76	09	精镗孔循环
G19		YZ 平面选择	G80		固定循环取消
G20	06	英制输入	G81		钻孔循环
G21		公制输入	G81～89		固定循环
G28	00	原点回归	G90	03	绝对值指令
G30		第二原点回归	G91		增量值指令
G41	07	刀具径补正偏左	G98	04	固定循环始点回归
G42		刀具径补正偏右	G99		固定循环 R 点回归

(2) 辅助功能：由地址字 M 和其后的两位数字组成，主要用于控制机床各种辅助功能的开关动作，如主轴旋转方向、主轴启动、停止、冷却液开关等，见表 2-3。

表 2-3　常用辅助功能 M 代码摘要

代码	功　能	代码	功　能
M00	程序停止	M09	切削液关
M01	计划停止	M13	主轴顺时旋转，切削液开
M02	程序结束	M14	主轴逆时旋转，切削液开
M03	主轴正转	M19	主轴定向停止
M04	主轴反转	M25	第四轴夹紧
M05	主轴停止	M26	第四轴放松
M06	自动换刀	M29	刚性攻牙
M08	切削液开	M30	程序结束

(3) 模态代码：表示组内某 G 代码(如 02 组中 G17)一旦被指定，功能一直保持到出现同组其他任一代码(如 G18 或 G19)时才失效，否则继续保持有效。所以在编写下一个程序段时，若需使用同样的 G 代码则可省略不写，这样可以简化加工程序编制。

非模态代码只在本程序段中有效。

(4) 主轴功能：用于控制主轴的转速，单位为 r/min。例如，S500 表示主轴转速为 500 r/min。

(5) 进给功能：用于指定机床移动部件移动的进给速度。F 代码为续效代码，一经设定，如未重新设定，则前次设定值持续有效；若程序设定进给速度超出机床设定范围，则机床设定值为实际进给速度。

F 的单位通常有 mm/min 和 mm/r 两种，由 G94 和 G95 分别指定。例如，G94 F100 表示进给速度为 100 mm/min。

2.3.2 机床和工件坐标系

1. 机床坐标系

机床坐标系是指在数控编程时为了描述机床的运动，简化程序编制的方法，保证记录数据的互换性，以机床原点为坐标系原点并遵循右手笛卡尔直角坐标系建立的由 X、Y、Z 轴组成的固定的直角坐标系。

机床原点即机床零点，是机床坐标的原点。该点是机床上的一个固定的点，其位置由机床设计和制造单位确定。机床原点是工件坐标系、编程坐标系、机床参考的基准点。这个点不是一个硬件点，而是一个定义点。

通常对于数控车床，机床原点一般取在卡盘端面与主轴中心线的交点处，如图 2-12 所示。同时，通过设置参数的方法，也可将机床原点设定在 X、Z 坐标的正方向极限位置上。而在数控加工中心上，机床原点一般取在 X、Y、Z 坐标的正方向极限位置上，如图 2-13 所示。

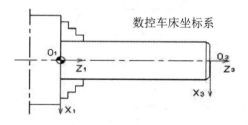

图 2-12 数控车床的机床原点

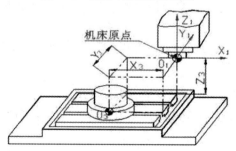

图 2-13 数控加工中心的机床原点

机床参考点即机床参考位置，也就是机床系统的原点，它也是机床上的一个特殊的固定点。机床原点是由机床参考点体现出来的，如图 2-14 所示。

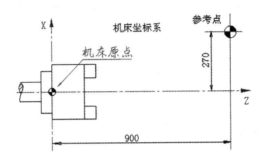

图 2-14　机床原点与机床参考点

机床坐标轴及其正方向的判断如图 2-15 所示。

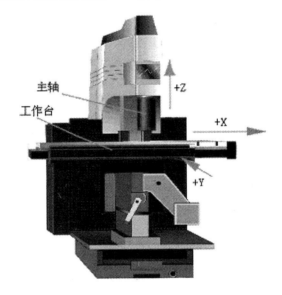

图 2-15　数控机床坐标系

(1) 以平行于机床主轴的刀具运动方向为 Z 轴，Z 轴正方向是使刀具远离工件的方向。

(2) X 轴为水平方向，且垂直于 Z 轴并平行于工件表面的矢量方向。在车床上 X 轴的运动方向是径向的，与横向导轨平行。刀具离开旋转中心的方向为正方向。在刀具旋转的机床(如加工中心)上，Z 轴处于垂直方向，则从刀具主轴方向向床身立柱方向看，右手平伸出的方向为 X 轴正方向。

(3) 在确定 X、Z 轴的正方向之后，即可按右手原则定出 Y 轴正方向。

2. 工件坐标系

建立工件坐标系的核心，即确定工件坐标系的原点，也就是确定工件零点，如图 2-16 所示。与机床坐标系不同，工件坐标系是人为设定的，选择工件坐标系原点的一般原则是：

(1) 尽量选在工件图样的基准上，便于计算，减少错误，以利于编程；

(2) 尽量选在尺寸精度高、粗糙度值低的工件表面上，以提高加工件的加工精度；

(3) 要便于测量和检验；

(4) 对于对称的工件，最好选在工件的对称中心上；

(5) 对于一般零件，选在工件外轮廓的某一角上；

(6) Z 轴方向的原点，一般设在工件表面。

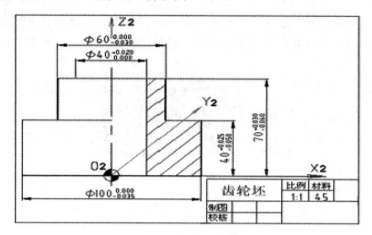

图 2-16　工件坐标系

在工件坐标系中，工件上各位置点的坐标值有绝对值和增量值两种表达方法。绝对值是指机床运动部件坐标值以编程坐标原点为依据，如图 2-17(a)所示。增量值是指机床运动部件坐标值以前一位置坐标值为依据，如图 2-17(b)所示。

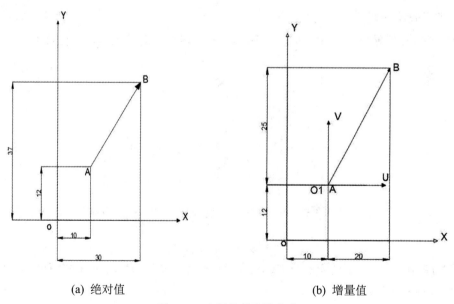

(a) 绝对值　　　　　　　　　　(b) 增量值

图 2-17　坐标值的表达方式

数控系统常以 G90 指令设定程序中 X、Y、Z 坐标值为绝对值，从 A 点到 B 点的程序可以写为 G90 G01 X30 Y37 F300；常以 G91 指令设定程序中 X、Y、Z 坐标值为增量值，从 A 点到 B 点的程序可以写为 G91 G01 X20 Y25 F300。

需要注意的是，当程序中没有明确绝对值或增量值时，默认各坐标值为绝对值。

2.3.3 刀具半径补偿和长度补偿

1. 刀具半径补偿

用铣刀铣削工件的轮廓时，由于刀具总有一定的半径，因此刀具中心的运动轨迹与所需加工零件的实际轮廓并不重合。如图 2-18 所示，刀具中心轨迹是零件轮廓的等距线，因此，只要在基点或节点计算的基础上，参照刀具半径和加工余量，便可计算出中心轨迹的全部坐标值。

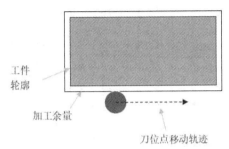

图 2-18　刀具运动轨迹

径向补偿(刀具半径偏置)是指刀位点径向偏离工件轮廓的距离。

补偿值：

$$D = R + \varDelta$$

式中：R 为刀具半径；$\varDelta$ 为加工余量。

2. 刀具长度补偿

刀具长度补偿是指在 Z 轴方向上实现的对刀具移动距离的补偿，如图 2-19 所示。

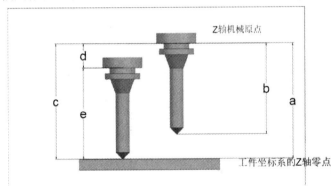

图 2-19　刀具长度补偿

图 2-19 中，a 为工件坐标系的 Z 轴设定值；b 为刀尖到刀柄校准面的距离；c 为指令动作；d 为实际移动量；e 为补偿量。

注：应事先将测定的 a、b 值存入刀补表中。

刀具长度补偿指令如下：

(1) G43：正补偿(如图 2-19 所示，e=c−d)；

(2) G44：负补偿(如图 2-19 所示，e=d−c)；

(3) G49：取消长度补偿。

2.3.4 数控加工中心系统面板

数控加工中心系统面板如图 2-20 所示，按照面板上的按键分布可将整个面板分为 8 个区域。各区域的功能说明见表 2-4。

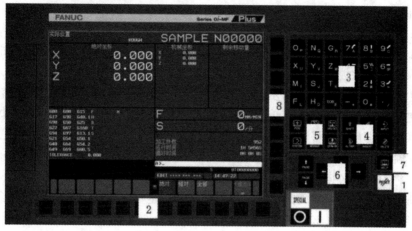

图 2-20 数控加工中心系统面板

表 2-4 系统面板各区域的功能说明

序号	名称	说　明
1	【RESET】按键	1—按此按键，机床所有动作停止； 2—消除部分报警状态(已排除异警状态的)； 3—返回程序头
2	系统软按键	用来选择功能目录以及各子菜单
3	编辑区域	提供所有的编辑字母、数字以及符号
4	编辑功能按键	【ALTER】：替换键，用于在"EDIT"模式下替换光标所在位置的字符
		【CAN】：取消键，用于清除输入缓冲器中的文字或者符号
		【INSERT】：插入键，用于在"EDIT"模式下在光标后输入字符
		【DELETE】：删除键，用于在"EDIT"模式下删除 CAN 中存在的程序
		【SHIFT】：上档键，用于输入处在上档位置的字符
		【INPUT】：输入键，用于输入加工参数等数值
5	系统功能按键	【POS】：位置显示键，显示机床的坐标位置
		【PROG】：程序显示键
		【OFF/SET】：设定显示键，设定并显示刀具补偿值工件坐标系及宏程序变量
		【SYSTEM】：系统显示键，系统参数设定与显示以及自诊断功能数据显示等
		【MESSAGE】：信息显示键，显示 NC 报警信息
		【CSTM/GRPH】：图形显示键，显示刀具轨迹等图片
6	光标移动区域	移动光标所在位置
7	帮助按键	提供与系统相关的帮助信息
8	扩展软按键	后期开发备用按键

2.3.5 数控机床对刀方法

在数控程序编制过程中，通常按照工件坐标系进行编程，而对刀的过程，即建立工件坐标系与机床坐标系之间关系的过程。以 FANUC 数控加工中心为例，进行对刀操作练习，详细步骤如下：

(1) 回零(返回机床原点)。选择面板上"回参考点"方式，点"回参考点"按钮，依次点击面板上"+Z""+X""+Y"按钮，回参考点操作。注意：对刀之前，一定要进行三轴回零的操作，清除掉上次操作的坐标数据，机床"回零"示意图如图 2-21 所示。

(2) 旋转主轴。如图 2-22 所示，选择"手动"操作方式，再点击"主轴正转"，手动开启机床主轴正转，并使其以 400～600 r/min 的速度转动。然后换成"手轮"模式，通过倍率的转换调节进行机床移动的操作。

(3) X 轴对刀。如图 2-23 所示，用刀具在工件的侧面轻轻的碰下，将机床的相对坐标 X 值清零；将刀具沿 Z 向提起，再将刀具移动到工件的左侧，沿 Z 向下到之前的高度，移动刀具与工件轻轻接触，将刀具提起，记下机床相对坐标的 X 值，将刀具移动到相对坐标 X 值的一半上，记录此时 X 轴的机械坐标值。

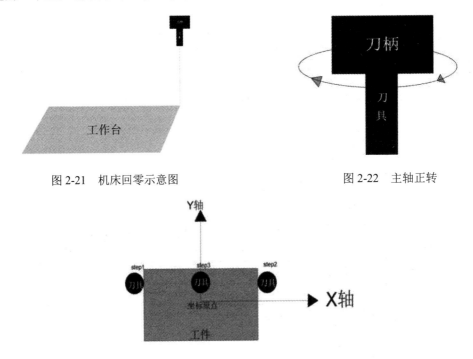

图 2-21　机床回零示意图　　　　　图 2-22　主轴正转

图 2-23　X 轴对刀示意图

(4) Y 轴对刀。如图 2-24 所示，用刀具在工件的前面轻轻地碰下，将机床的相对坐标 Y 值清零；将刀具沿 Z 向提起，再将刀具移动到工件的后面，沿 Z 向下到之前的高度，移动刀具与工件轻轻接触，将刀具提起，记下机床相对坐标的 Y 值，将刀具移动到相对坐标 Y 值的一半上，记录此时 Y 轴的机械坐标值。

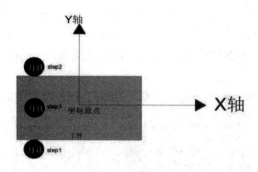

图 2-24 Y 轴对刀示意图

(5) 工件坐标系设定方法。如图 2-25 所示,在功能键"OFS/SET"中点击"坐标系"功能键,并将已记录的"X""Y"机械坐标值按输入键输入工件坐标系中即可(FANUC 系统输入"X0"并按"测量"也可以)。

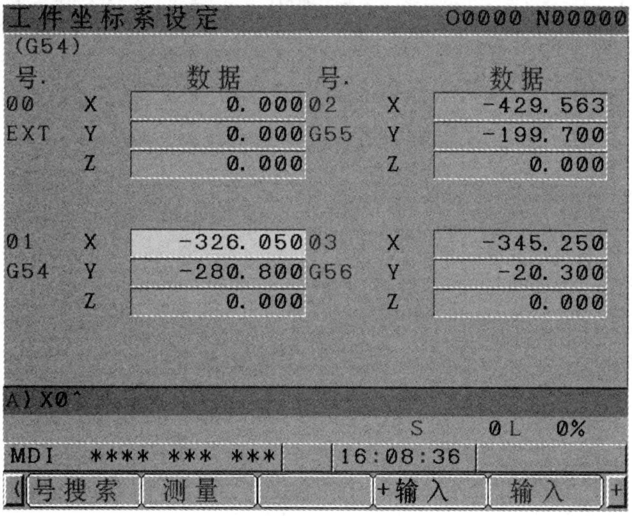

```
工件坐标系设定              O0000 N00000
(G54)
号.        数据      号.          数据
00    X      0.000 02    X      -429.563
EXT   Y      0.000 G55   Y      -199.700
      Z      0.000       Z         0.000


01    X   -326.050 03    X      -345.250
G54   Y   -280.800 G56   Y       -20.300
      Z      0.000       Z         0.000


A)X0^
                              S    0L    0%
MDI  **** *** ***      16:08:36
  号搜索   测量          +输入    输入    +
```

图 2-25 工件坐标系(X/Y)设定

(6) Z 轴对刀。如图 2-26 所示,将刀具移动到工件上 Z 向零点的表面,移动刀具与工件上表面轻轻接触,记录此时机床坐标系中的 Z 向值;并将此 Z 轴的机械坐标值输入刀具形状 H 参数表里。

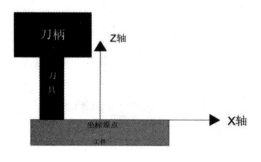

图 2-26 Z 轴对刀示意图

(7) 刀具长度(H)值的补正方法。如图 2-27 所示，按"OFS/SET"功能键→按"刀偏"键→按"PAGE"键(翻页键)显示需要的补正号(H)→移动光标至所须设定之补正号(H)→用数字键输入补正量→按"INPUT"键输入，其他刀具长度分别输入到对应的 H 参数表中即可。

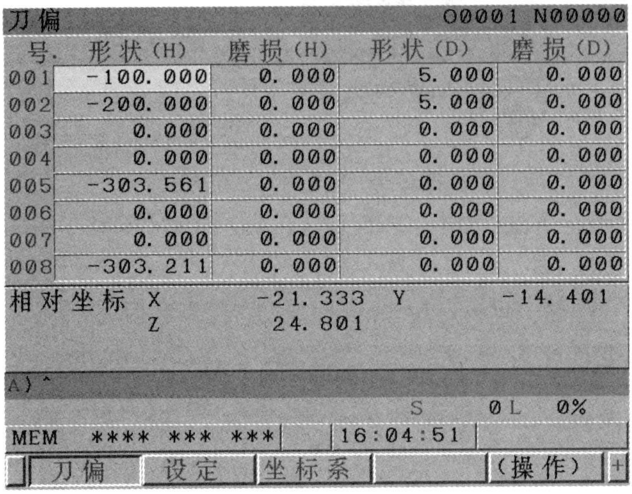

刀偏			O0001 N00000	
号.	形 状 (H)	磨 损 (H)	形 状 (D)	磨 损 (D)
001	-100.000	0.000	5.000	0.000
002	-200.000	0.000	5.000	0.000
003	0.000	0.000	0.000	0.000
004	0.000	0.000	0.000	0.000
005	-303.561	0.000	0.000	0.000
006	0.000	0.000	0.000	0.000
007	0.000	0.000	0.000	0.000
008	-303.211	0.000	0.000	0.000

相对坐标 X　　　　-21.333　Y　　　　-14.401
　　　　　Z　　　　 24.801

A) ▲

　　　　　　　　　　　　　　　　　　　S　　0 L　0%

MEM　****　***　***　　16:04:51

‖　刀偏　‖　设定　‖　坐标系　‖　　(操作)　‖ +

图 2-27　刀偏补偿

(8) 主轴停转。先将主轴停止转动，并把主轴移动到合适的位置，调取加工程序，准备正式加工，对刀完毕。

2.4　编程训练实例

2.4.1　孔加工，编程实例

如图 2-28 所示，试件为一块 100 mm×70 mm×25 mm 的板材，现需在该工件上加工 4 个直径为 6 mm，深度为 15 mm 的孔。按照如图 2-29 所示孔位，编制刀具钻孔加工程序。

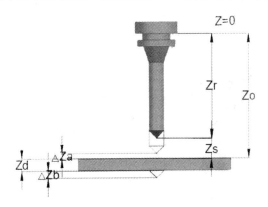

图 2-28　钻孔示意图

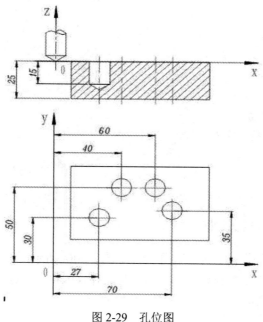

图 2-29　孔位图

1. 实训目的

(1) 掌握孔类零件的加工。

(2) 正确使用钻孔的刀具。

(3) 掌握孔加工的编程指令。

2. 实训要求

(1) 合理选择刀具。

(2) 正确使用量具。

3. 计算各点的坐标，规划走刀路线

①点坐标(27 30)，②点坐标(70 35)，③点坐标(40 50)；④点坐标(60 50)；按照各点坐标值，安排走刀路线为起始点→①点→②点→③点→④点。

4. 参考程序

N001 G40 G80

(取消上一程序刀具偏移及固定循环)

N002 G54 G00 G90 X0. Y0.

(选择工件坐标系、快速定位、绝对坐标编程)

N003 G43 Z20. H01.

(调用刀具长度补偿)

N004 M03 S2000;

(设定主轴转速)

N005 G98 G81 X27. Y30. Z-16.5. R6. F100;

(采用起始点复归模式，选择固定循环方式，设定孔的加工深度，设定起始点高度，设定进给速度)起始点→①点

N006 X70. Y35.;

(设定孔的位置) ①点→②点

N007 X60. Y50.;

(设定孔的位置) ②点→③点

N008 X40. Y50.;

(设定孔的位置) ③点→④点

N009 G00 G80 Z100.;

(取消固定循环，抬刀至安全距离)

N010 M30;

(程序结束)

2.4.2　铣削平面，编程实例

如图 2-30 所示的板材工件，外形尺寸标注如图 2-30(a)所示，需对其毛坯轮廓进行铣削，工艺加工余量为 2 mm，轮廓铣削深度为 5 mm；将工件移入机床坐标中，坐标位置如图 2-30(b)所示。请编制其轮廓铣削程序。

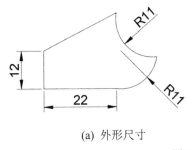

(a) 外形尺寸　　　　　　　　　　(b) 坐标位置

图 2-30　板材工件

1. 实训目的

(1) 掌握轮廓零件的加工。

(2) 正确使用轮廓铣削类刀具。

(3) 掌握轮廓加工的编程指令。

2. 实训要求

(1) 选择合理刀具。

(2) 正确使用量具。

3. 计算各点的坐标，规划走刀路线

①点坐标(10 10)，②点坐标(10 20)，③点坐标(30 30)，④点坐标(40 20)，⑤点坐标(30 10)；走刀路线为起始点→①点→⑤点→④点→③点→②点→①点→起始点。

4. 参考程序

N010 G17 G40 G80

(选择加工平面，取消上一程序刀具偏移及固定循环)

N020 G55 G00 G90 X0. Y0.

(选择工件坐标系，快速定位，绝对坐标编程)

N030 G43 Z20. H01

(调用刀具长度补偿)

N040 M03 S2000;

(设定主轴转速)

N050 G00 Z-5.;

(定位至加工深度)

N060 G01 G42 X10. Y10. D01;

(移动到①点，右补偿) 起始点→①点

N070 G01 X30. F100;

(直线插补,进给至第⑤点坐标) ①点→⑤点

N080 G03 X40. Y20. R10.;

(逆时针圆弧插补,进给至第④点坐标) ⑤点→④点

N090 G02 X30. Y30. R10.;

(顺时针圆弧插补,进给至第③点坐标)④点→③点

N100 G01 X10. Y20.;

(直线插补,进给至第②点坐标)③点→②点

N110 G01 X10. Y10.;

　(直线插补,进给至第①点坐标) ②点→①点

N120 G00 G40 X0 Y0;

(点位控制到 0 点，取消刀具偏移) ①点→起始点

N130 M30;

(程序结束)

本 章 习 题

1. 数控机床的组成部分有哪些？其加工优点是什么？

2. 什么是直线控制、轮廓控制？各有何特点？

3. 数控程序编制包括哪些内容？

4. 数控程序的基本结构包含哪几个部分？

5. 数控程序中常用的功能字有哪些？分别代表什么功能？

6. 型腔体模型操作练习，见图 2-31。

(1) 从中心 0 点出发按照尺寸编写凸模表面台阶轮廓的数控加工程序。

(2) 运用 UG 数控仿真软件(法兰克数控系统)把编写的 G 代码进行仿真校验,检查图形的形状。

(3) 运用数控加工中心进行程序的输入、校验、对刀，并在数控机床上进行预切削。

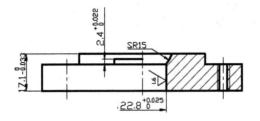

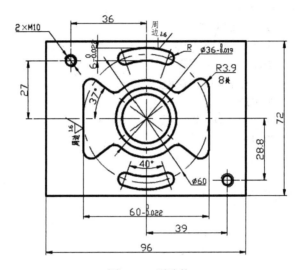

图 2-31　型腔体

7. 汽车模型操作练习，见图 2-32。

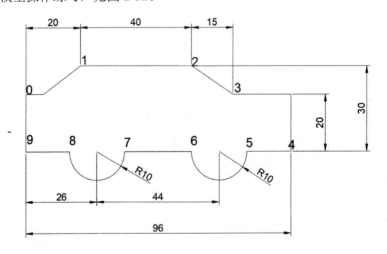

图 2-32　汽车模型

(1) 从 0 点出发按照 1—11 点的运动顺序编写 G 代码程序。(用 G91 或 G90)

(2) 运用数控仿真软件(法兰克数控系统)将编写的 G 代码进行仿真校验,检查图形的形状。

(3) 运用数控加工中心进行程序的输入、校验、对刀,并在毛坯上加工出汽车模型。

第 3 章　智能制造工业机器人实训

学习目标:
· 了解智能制造工业机器人的概念;
· 掌握智能制造工业机器人仿真模型构建;
· 掌握智能制造工业机器人码垛仿真;
· 掌握智能制造工业机器人装配在线编程。

3.1　智能制造工业机器人实训平台概述

　　智能制造工业机器人是集机械、电子、控制、计算机、传感器和人工智能等多种先进技术于一体的在现代制造业中有重要地位的自动化设备。智能制造工业机器人实训平台可以完成工业机器人的初始化与参数设置,工业机器人 I/O 分配与接线,工业机器人与 PLC 的 I/O 通信,工业机器人安装与接线,工业机器人编程与调试,工业机器人打磨、码垛、装配、压铸、搬运、轨迹绘画、仓管系统、传送带、焊接、传感器技术、夹具快换、机器视觉应用、PLC 控制技术等多种实训课程。智能制造工业机器人实训平台如图 3-1 所示。

图 3-1　智能制造工业机器人实训平台

RobotStudio 是一款为辅助 ABB(Asea Brown Boveri)机器人而打造的仿真平台。RobotStudio 是可以在 PC 上本地运行的离线控制器，这种离线控制器也叫虚拟控制器，其编程方式叫作离线编程。RobotStudio 还可以连接真实的物理控制器(简称真实控制器)。当RobotStudio 随真实控制器一起使用时，其编程方式叫作在线编程。

RobotStudio 以 ABB VirtualController 为基础，与机器人在实际生产中运行的软件完全一致。RobotStudio 提供的各种工具，可以执行培训、编程和优化等任务。在规划与定义阶段，RobotStudio 可以在实际构建机器人系统之前先进行设计和试运行，同时还可以利用该软件确认机器人是否能到达所有编程位置，并计算解决方案的工作周期；在编程阶段，RobotStudio 可以在 PC 上创建、编辑和修改机器人程序及各种数据文件，并采用在线编程方式控制和修改机器人的运动方式。

本章将以汇博工业机器人应用编程与智能制造一体化教学平台为依托，完成工业机器人的三维仿真和离线编程实训。

3.2　智能制造工业机器人仿真模型构建

本节将利用 RobotStudio 6.08 仿真平台创建工业机器人工具模型、传送带模型和机器人工作站仿真联动模型，为后续实训创造条件。

3.2.1　机器人工具模型

1. 创建吸盘工具

(1) 新建工作站，在建模菜单中新建 200 mm×200 mm×50 mm 的长方体，将长方体本地原点设置在顶面中心处，如图 3-2 所示。

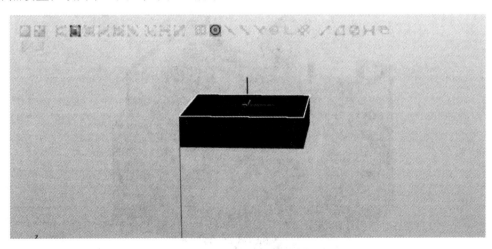

图 3-2　创建长方体

(2) 在长方体上创建半径为 50 mm、直径为 100 mm、高度为 50 mm 的圆柱体，圆柱体地面圆心与本地原点重合，如图 3-3 所示。

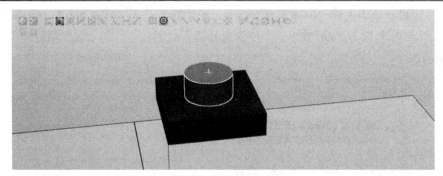

图 3-3　创建圆柱体

（3）创建半径为 100 mm、直径为 200 mm、高度为 100 mm 的圆锥体，以长方体本地原点向下偏移 100 mm，做相减运算，保留圆台，使圆台、长方体和圆柱体构成吸盘工具雏形，如图 3-4 所示。

图 3-4　创建圆锥体

（4）修改圆台、长方体和圆柱体的颜色，合并三个部件为新的组件，如图 3-5 所示。

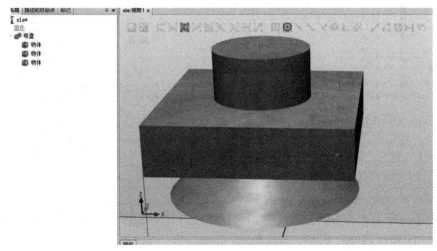

图 3-5　完成吸盘模型的创建

(5) 在建模菜单中选择"创建工具"命令，为工具命名为"吸盘 200"，选择"部件_1"创建吸盘；TCP 名称为"xp_TCP"，位置选择圆台底面圆心，沿"X"轴旋转 180°，如图 3-6 所示。

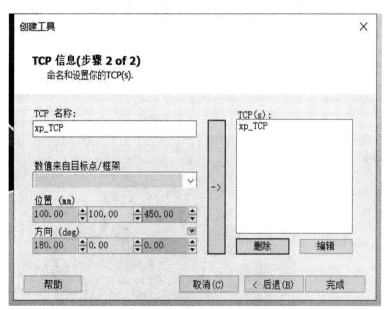

(a) 创建工具

(b) 创建 TCP

图 3-6　创建吸盘工具

(6) 将新建吸盘工具保存为库文件，保存路径为 C:\Program Files (x86)\ABB Industrial IT\Robotics IT\RobotStudio 6.08\ABB Library\Tools，在"导入模型库"的"设备"菜单中找到新建的吸盘工具，如图 3-7 所示，吸盘工具创建成功。

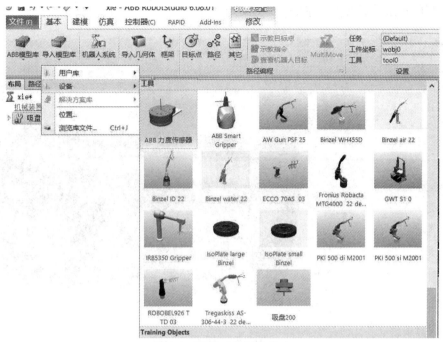

图 3-7　吸盘工具创建成功

注意：① 创建吸盘工具时，因吸盘工具无运动形态，故可以直接创建；② 保存吸盘
工具为库文件时，吸盘工具与库文件建立连接，此时不能编辑吸盘库文件，如需编辑工具，
需将工件与库链接断开。

2. 创建夹爪工具

(1) 新建工作站，在建模菜单中新建 200 mm×50 mm×100 mm 的长方体，将长方体本
地原点设置在顶面中心处。新建半径为 20 mm、直径为 40 mm、高度为 200 mm 的圆柱体，
其轴向与大地坐标"X"轴平行，且圆柱体轴线为长方体顶面四边形的中线，如图 3-8 所示。

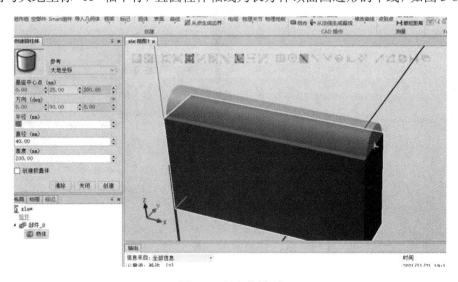

图 3-8　长方体模型

(2) 利用布尔运算做出夹爪滑轨，如图 3-9 所示。

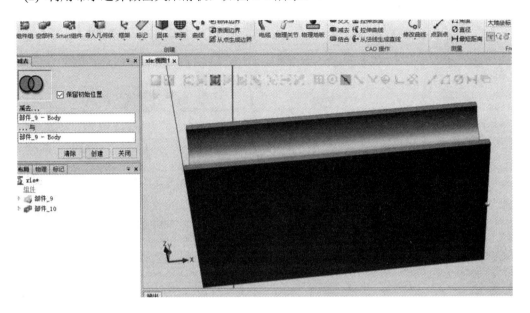

图 3-9　夹爪滑轨

(3) 新建半径为 20 mm、直径为 40 mm、高度为 50 mm 的圆柱体，利用布尔运算，去除圆柱体的一半，同时新建 5 mm×50 mm×50 mm 的长方体，与半圆柱体合并成夹爪模型，如图 3-10 所示。

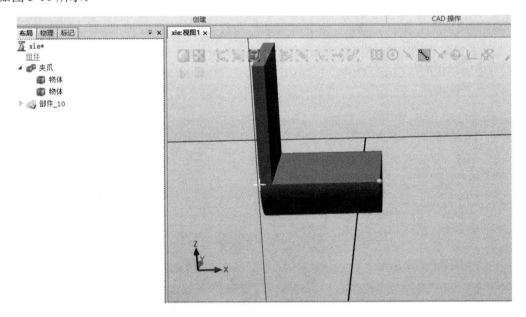

图 3-10　单侧夹爪模型

(4) 为夹爪添加颜色，复制夹爪，并将复制的模型命名为"夹爪右"，将其绕"Z"轴旋转 180°，将左右夹爪放置到夹爪滑轨中，如图 3-11 所示。

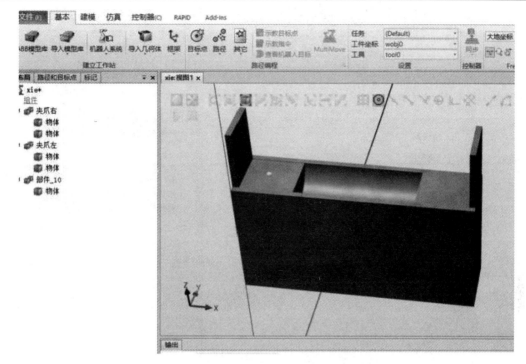

图 3-11　夹爪模型放置

(5) 新建半径为 25 mm、直径为 50 mm、高度为 5 mm 的圆柱体,将此圆柱体安放在夹爪底面长方形的中心点处,并将圆柱体与长方体合并为"夹爪机体组",如图 3-12 所示。

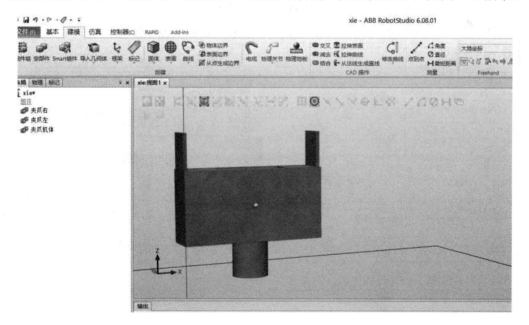

图 3-12　夹爪工具模型

(6) 在"建模"菜单中,利用"创建机装置"功能创建名为"夹爪"的工具,机械装置类型为"工具",为夹爪添加链接,L1 为夹爪机体,如图 3-13 所示。

图 3-13　创建机械装置

(7) 添加名称为 "L2" 和 "L3" 的链接，其对应的组件分别为 "夹爪左" 和 "夹爪右"，如图 3-14 所示。

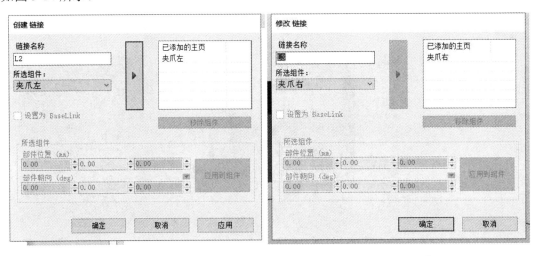

(a) 夹爪左链接　　　　　　　　　　　　(b) 夹爪右链接

图 3-14　添加链接

(8) 为左右夹爪添加关节名称为 "J1" 和 "J2" 的节点，其关节运动形式为往复运动，运动轴为大地坐标 "X" 轴，关节最小限值为 0 mm，最大限值为 50 mm，如图 3-15 所示。

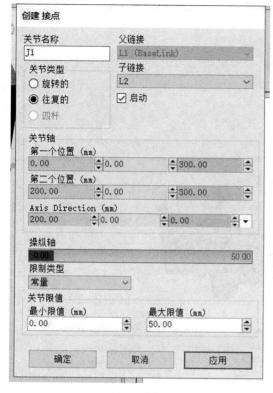

(a) 关节 J1

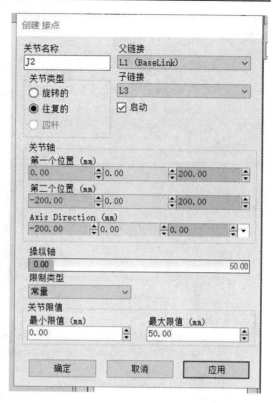

(b) 关节 J2

图 3-15　添加节点

注意：为右夹爪添加节点时，父链接需选择 L1，运动方向应为"X"轴负方向。

(9) 为夹爪添加名称为"JZ"的工件坐标，工件坐标父链接为 L1，位置为两夹爪中心点，重心设置为 1 mm，如图 3-16 所示。

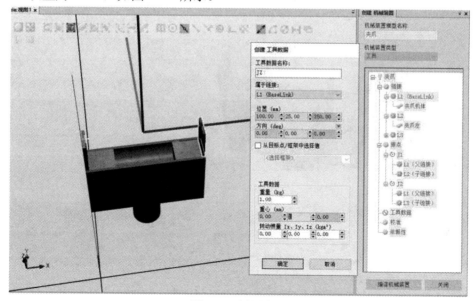

图 3-16　设置夹爪

(10) 为夹爪添加"依赖性"，让右夹爪跟随左夹爪一起运动，为保证运动同步，系数设置为 1，如图 3-17 所示。

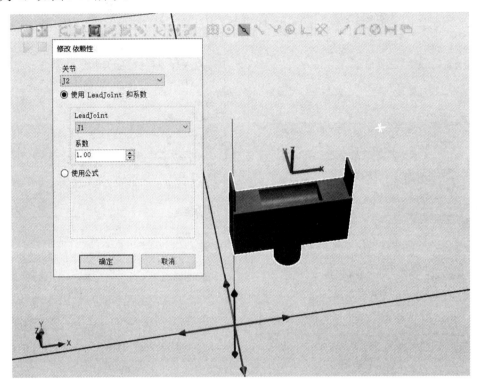

图 3-17　关节依赖性

(11) 点击"创建姿态"，为夹爪添加初始和夹紧的原始姿态，如图 3-18 所示。

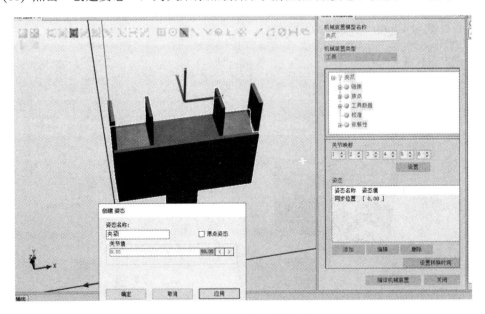

图 3-18　创建夹爪原始姿态

(12) 点击"关闭"，将夹爪工具保存为库文件。保存路径为 C:\Program Files (x86)\ABB Industrial IT\Robotics IT\RobotStudio 6.08\ABB Library\Tools，"夹爪"工具创建完成，并出现在库文件中，如图 3-19 所示。

图 3-19　夹爪工具创建成功

注意：当节点"J2"跟随"J1"运动时，需将"J2"节点的启动命令去除。

3.2.2　传送带仿真模型

传送带的工作状态为：当工件从起点运行到终点时，终点的面传感器因感知到工件而输出信号，使得传送带暂停工作，等待机器人抓取工件。RobotStudio 6.08 库文件中自带传送带的物理模型，因此，此传送带仿真的是模拟工件在传送带上运行的过程。

(1) 新建工作站，在库文件中导入传送带模型，如图 3-20 所示。

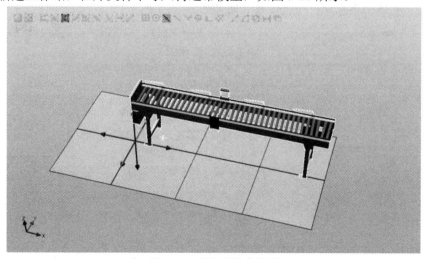

图 3-20　导入传送带模型

(2) 为传送带添加工件，新建 200 mm×200 mm×100 mm 的长方体工件，利用"一点法"将工件放置到传送带的起点处，如图 3-21 所示。

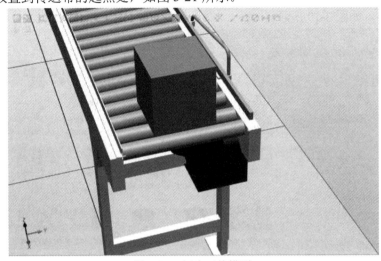

图 3-21　创建工件模型

(3) 为传送带新建名称为"传送带"的 Smart 组件，同时在"传送带"组件中添加子组件 Source、Queue、LogicGate、LinerMover、Timer 和 PlaneSenSor。子组件的功能如下：

Source：创建工件的复制；

Queue：构建一个队列，将传送带上的所有工件纳入队列统一管理；

LogicGate：进行逻辑非运算；

LinerMover：控制队列中的工件沿着直线方向运动；

Timer：每隔一段时间让 Source 子组件生成一个复制品；

PlaneSenSor：检测工件到达终点的信号。

为子组件添加属性时，Source 子组件的复制对象为"工件"；LogicGate 子组件的类型选择"NOT"；LinerMover 子组件的对象为传送带上队列里的每一个工件；Timer 子组件设置为每 3 s 生成一个脉冲。子组件及其属性如图 3-22 所示。

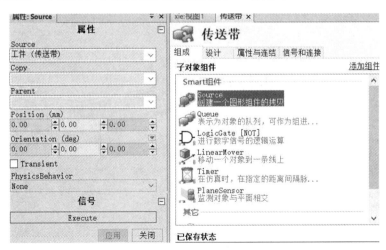

(a) Source 子组件

(b) LogicGate 子组件

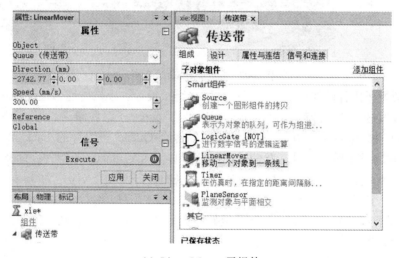

(c) LinearMover 子组件

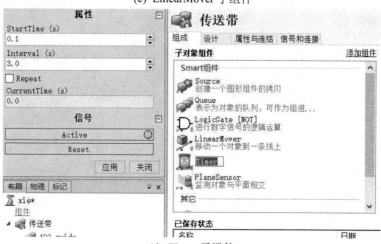

(d) Timer 子组件

图 3-22　子组件及属性

(4) 安置 PlaneSenSor 子组件的位置，并为 PlaneSenSor 子组件添加属性。面传感器原点为传送带终点处；设置一个轴向 X 和 Z 均为 0 mm，Y 为 400 mm，另一个轴向 X 为 800 mm，Y 为 0 mm，Z 为 65 mm，如图 3-23 所示。

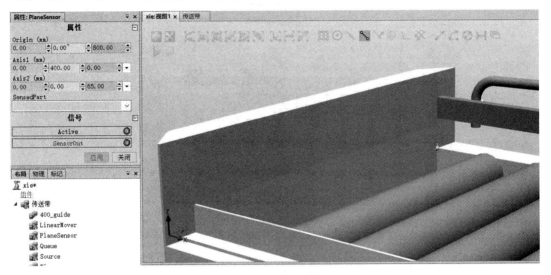

图 3-23　PlaneSenSor 子组件

(5) 设置好子组件的属性后，为子组件添加链接设计。根据传送带运动原理，Timer 子组件每隔 3 s 发送一个脉冲信号到 Source 子组件；Source 子组件激活，将 copy() 一个工件，这个复制的工件将沿着传送带运动；copy() 属性传给 Queue 子组件的 back() 属性；同时，Source 子组件将发出脉冲信号，此信号与属性同时传送至 Queue 子组件；面传感器一直处于激活状态；当面传感器输出信号为 0 时，LogicGate 子组件输入信号为 0，输出信号为 1，Timer 子组件一直处于激发状态；同时面传感器输出信号为 1 时，工件到达终点，Timer 子组件停止发送脉冲信号，LinerMover 子组件停止运动，最终达到模仿传送带运行的仿真过程，如图 3-24 所示。

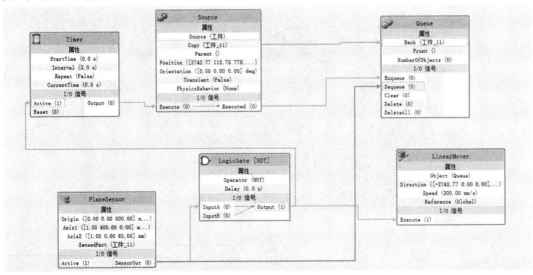

图 3-24　模仿传送带运行的仿真过程

(6) 将工作站架构保存为当前状态。此步骤将工作站保存为一个时间节点，防止在仿真调试过程中因出现程序混乱而无法返回的现象，如图 3-25 所示。

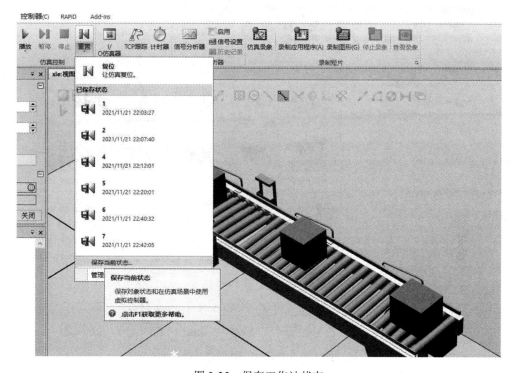

图 3-25　保存工作站状态

此时，传送带仿真模型即 Smart 组件的设计、属性和信号连接已经完成。在"仿真"菜单栏中，点击"播放"，即可模仿传送带运行状态，如图 3-26 所示。

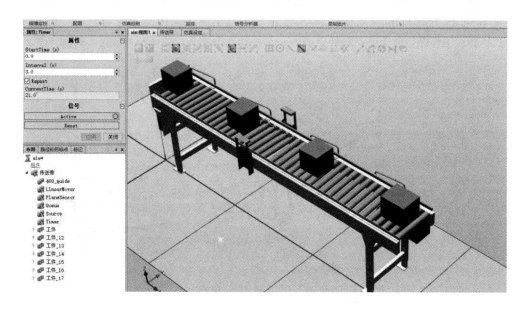

图 3-26　传送带仿真模型

(7) 将建立好的传动带模型保存为库文件。保存路径为 C:\Program Files (x86)\ABB Industrial IT\Robotics IT\RobotStudio 6.08\ABB Library\Tools，如图 3-27 所示。

图 3-27　传送带模型创建成功

3.2.3　机器人工作站仿真联动

机器人工具和外围设备模型建好之后，要为整个工作站添加联动的信号，这样机器人的运动和组件的控制才能实现统一联动。

(1) 新建工作站，为工作站添加机器人、工具和外围设备，并调整其位置，如图 3-28 所示。

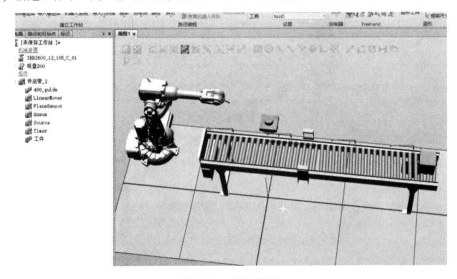

图 3-28　添加模型

(2) 断开吸盘工具和传送带模型与库文件的链接,将吸盘工具安装在机器人法兰盘上,如图 3-29 所示。

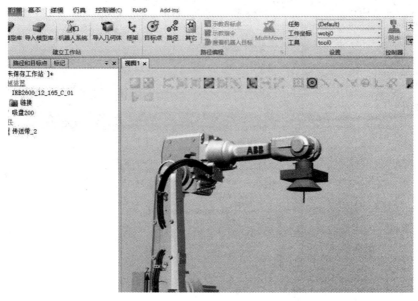

图 3-29　安装吸盘工具

(3) 为工作站添加机器人系统,用"从布局创建系统"的方式添加,如图 3-30 所示,在选项中选择中文;添加完成后,机器人工作站虚拟控制器启动,待工作站右下角控制器状态颜色为绿色时,表明机器人系统已经添加成功。

(a) 添加机器人系统

(b) 设置系统选项

(c) 设置语言

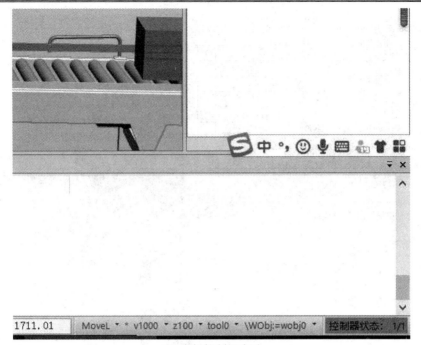

(d) 虚拟控制器启动

图 3-30　添加布局

(4) 调整机器人初始状态，让机器人回到机械原点。更改机器人的工具坐标为吸盘 xp_TCP；在"路径与目标点"命令栏中，为系统添加名称为 Target_10 的目标点，此目标点为工件上表面中心点处；设置机器人第三轴初始状态为 90°；复制 xp_TCP 方向，应用到 Target_10 目标点上，使机器人 xp_TCP 能够以有效的姿态到达目标点 Target_10，如图 3-31 所示。

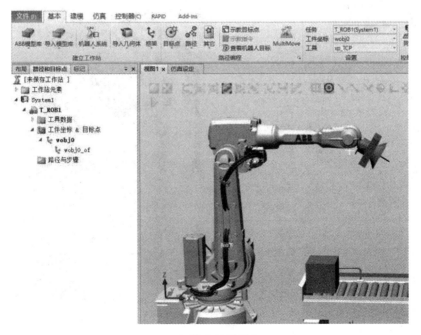

(a) 机器人机械原点

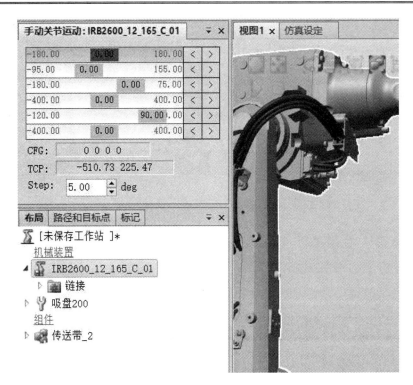

(b) 调整 TCP 方向

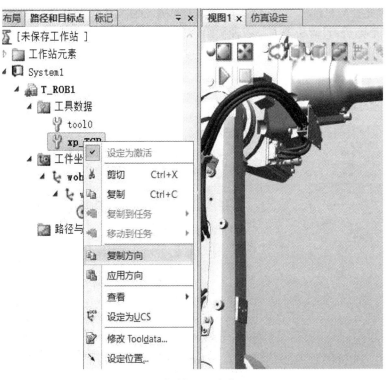

(c) 复制 TCP 方向

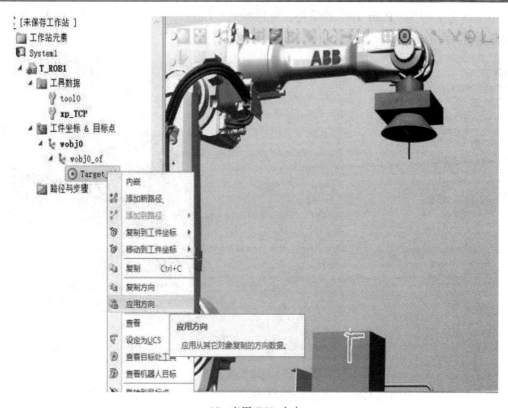

(d) 应用 TCP 方向

图 3-31　调整 TCP 方向

(5) 参数配置。根据实际情况，选择机器人合适的配置参数并应用；查看机器人到达目标的姿态，如图 3-32 所示。

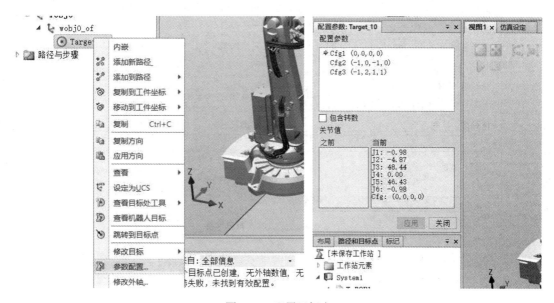

图 3-32　配置目标点

(6) 新建名称为"Path_10"的路径。将目标点"Target_10"拖曳至路径"Path_10"中，工作站将自动生成机器人路径。如图 3-33 所示。

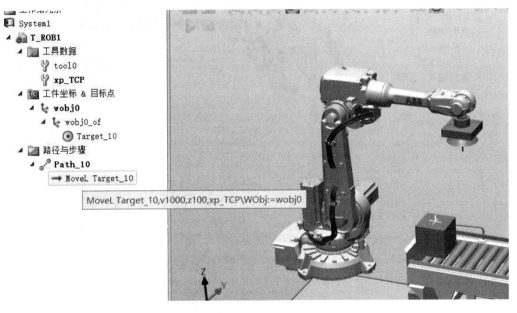

图 3-33　新建机器人路径

(7) 为控制器添加输入输出信号。控制器输入信号获取工件到位信号，机器人运动到目标点，抓取工件，回到初始点。在控制器工具栏中，点击"配置"→"添加信号"，为工作站添加名称为"dw"和"dow"的数字输入和输出信号，如图 3-34 所示。

(a) 新建输入信号

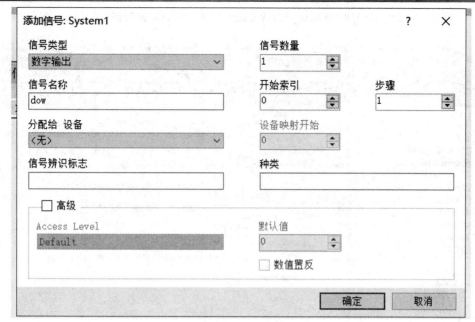

(b) 新建输出信号

图 3-34　添加信号

注意：① 新建信号时，分配设备应选择"无"；② 在信号建好后，应当重启控制器。

(8) 在"仿真"菜单栏中打开"工作站逻辑"窗口，为工作站添加上一步中新建的输入和输出信号。工作站和传送的逻辑应为：传送带的传感器接收到工件到位的信号，工作站控制机器人到目标点去抓取工件。工作站逻辑如图 3-35 所示。

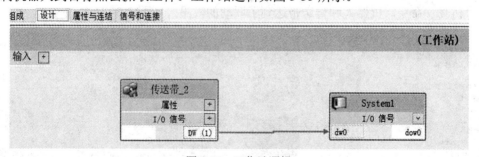

图 3-35　工作站逻辑

此时工作站与 Smart 组件建立了信号传送的链接，但是对整个工作站来讲，还需要在控制器中编写对应的程序才能完成系统的联动。

(9) 首先，建立机器人初始点，此步骤与新建目标点 Target_10 相同；其次，将其同步到 RAPID 中；最后，打开控制器，在主程序中添加代码，如图 3-36 所示。

在 main()主程序中添加如下代码：

```
WaitDI dw0,1;    //工作站等待输入信号；
WaitTime 1;      //工作站接受工件到位信号后，xp_TCP 等待 1 s；
Movej Target_10,v1000,z100,xp_TCP\WObj:=wobj0; //xp_TCP 运动到目标点 Target_10；
WaitTime 1;//xp_TCP 等待 1 s；
```

MoveL Target_20,v1000,z100,xp_TCP\WObj:=wobj0;//xp_TCP 回到初始点 Target_20。

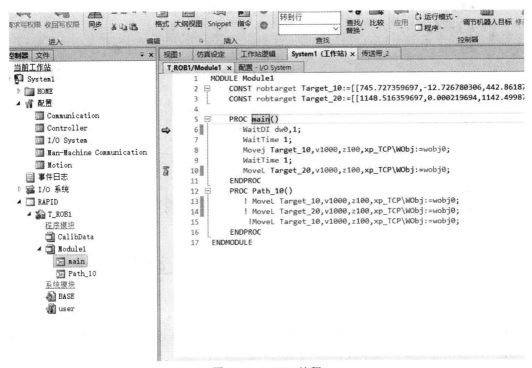

图 3-36　RAPID 编程

(10) 写入主程序后，需要将 RAPID 编程语言应用到工作站空间中。在仿真菜单中，点击"仿真"命令，机器人和传送带达到了联动的效果，如图 3-37 所示。

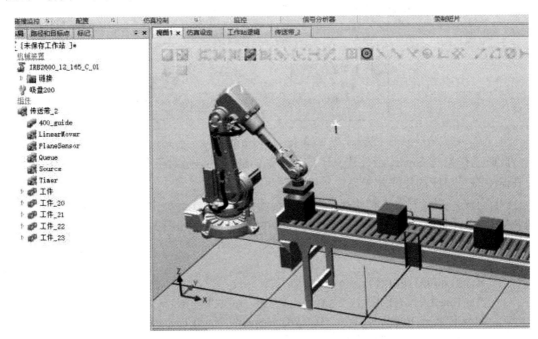

(a)

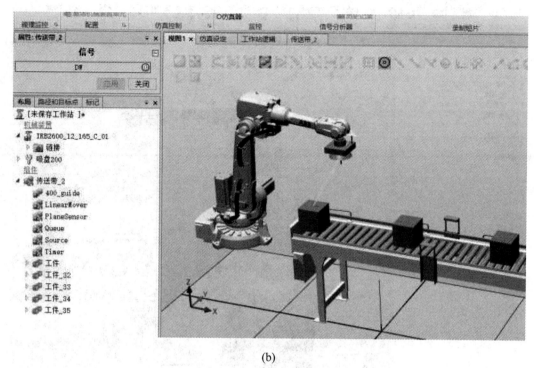

(b)

图 3-37　仿真联动

3.3　智能制造工业机器人码垛仿真实训

本节将模仿机器人实际工作中码垛的实例，利用上节中新建的吸盘工具、传送带模型等建立单侧码垛机器人仿真联动，并优化 RAPID 编程。

3.3.1　导入机器人及外围设备

(1) 新建工作站，为工作站添加吸盘、传送带模型和 IRB2600 机器人。调整机器人和设备姿态，将机器人沿着大地坐标 Z 轴正方向向上偏移 500 mm；新建半径为 200 mm，直径为 400 mm，高为 500 mm 的圆柱体作为机器人基座，并将机器人放置在基座上；新建600 mm×600 mm×400 mm 尺寸的长方体作为工件的托盘；调整吸盘位置，使吸盘 TCP 与工件坐标方向一致，如图 3-38 所示。

(2) 为吸盘添加名称为"吸盘"的 Smart 组件。为"吸盘"组件添加子组件：Attacher子组件、Detacher 子组件、LineSensor 子组件、LogicGate 子组件，如图 3-39 所示。

添加的子组件功能如下：

Attacher 子组件：控制吸盘工件抓取工件；

Detacher 子组件：控制吸盘工件放置工件；

LineSensor 子组件：线传感器组件，为吸盘提供抓取或放置的信号；

LogicGate 子组件：逻辑非运算，控制吸盘抓取或放置工件。

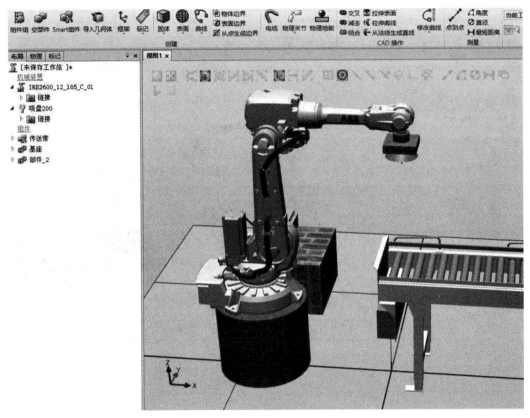

图 3-38　添加设备

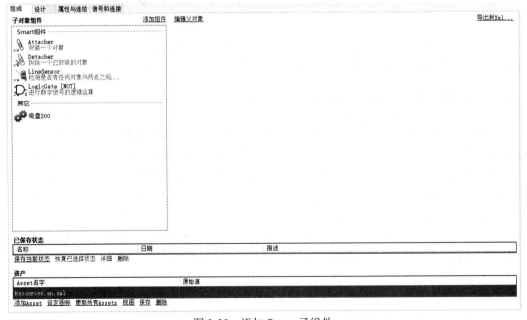

图 3-39　添加 Smart 子组件

(3) 为四个子组件建立设计链接。为"吸盘"组件添加名称为"di"的输入信号。当吸盘组件 di 信号逻辑值为 1 时，信号传输到 LineSensor 子组件，线传感器处于激发状态；当线传感器检测到工件后，将属性和信号传送至 Attacher 子组件；Attacher 子组件将工件安装至"吸盘"组件上；当吸盘组件 di 信号为 0 时，信号传输到 LogicGate 子组件，LogicGate 子组件经过逻辑非运算，使得组件输出信号为 1，并将信号传送至 Detacher 子组件，Detacher 子组件将工件放置到当前位置点，子组件逻辑设计如图 3-40 所示。

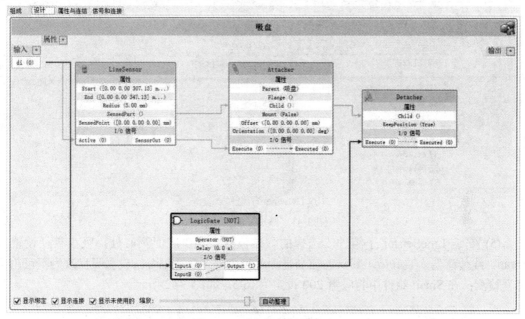

图 3-40　吸盘组件逻辑设计

　　(4) 修改子组件属性。Attacher 子组件安装父对象为"吸盘"；Detacher 子组件拆除子对象后，需要保留子对象的当前位置，如图 3-41 所示。

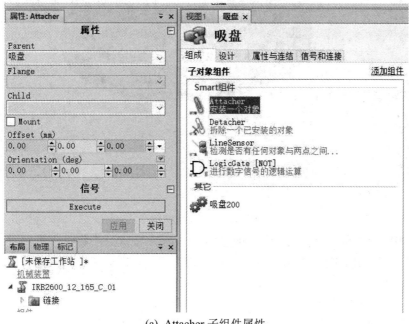

(a) Attacher 子组件属性

(b) Detacher 子组件属性

图 3-41　添加子组件属性

(5) 安装 LineSensor 子组件。选择的安装位置在吸盘底面圆心处；吸盘直径设置为 5 mm；线传感器安装好后，其状态应当是深入吸盘内外各一部分；设置吸盘改为不可由传感器检测；在 Smart 组件中将吸盘 200 设定为 role，如图 3-42 所示。

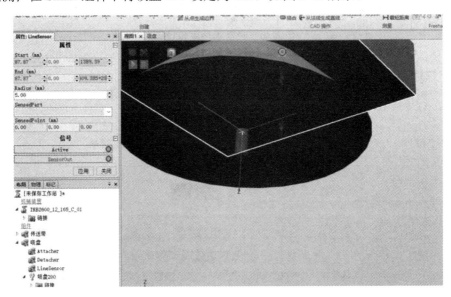

图 3-42　安装传感器

(6) 将吸盘组件的本地原点设置到吸盘工具顶面中心点处；将吸盘组件安装到机器人上；为机器人工作站添加机器人系统，待虚拟控制启动，即完成机器人系统、工具和外围设备的添加工作，如图 3-43 所示。

注意：① "吸盘 200" 工具添加到 Smart 组件 "吸盘" 中，可以将 "吸盘" 组件的本地原点设置到 "吸盘 200" 工具的顶面圆心处，方便后续的安装操作；② 必须将机器人的工件坐标设置为 xp_TCP。

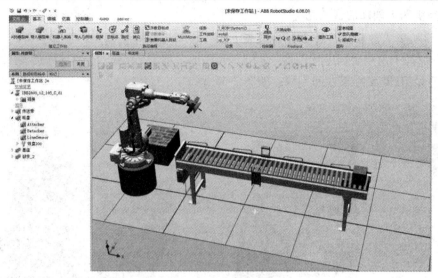

图 3-43　吸盘安装到机器人

3.3.2　机器人系统联动设置

1. 为机器人设置抓取点路径

在仿真菜单栏中，将仿真设定中机器人系统勾选去掉；播放仿真系统，使得第一个工件到达面传感器处；利用圆心捕捉获取工件顶面中心点，此点为机器人工作目标点；复制中心点的坐标，为机器人添加名称为 Target_10 的目标点；利用手动关节命令，设置机器人的第五轴角度为 90°；利用修改命令，设置目标点坐标轴方向与机器人 xp_TCP 坐标轴方向一致，此时机器人抓取工件点已经确定，如图 3-44 所示。

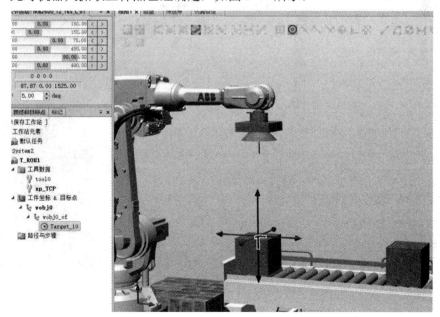

图 3-44　抓取点设置

2. 为机器人创建放置点路径

(1) 将机器人放置点设置为托盘上表面的一个角点，当机器人在放置工件时，其所有的放置点都基于角点坐标进行偏移；为机器人添加名称为 Target_20 的目标点，修改其坐标轴方向与 xp_TCP 坐标轴方向一致，如图 3-45 所示。

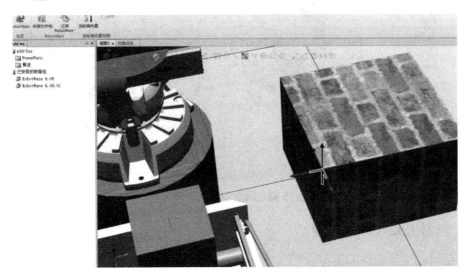

图 3-45　放置点设置

(2) 配置目标点 Target_10 和 Target_20 的参数，使得机器人以较好的姿态到达两个目标点，如图 3-46 所示。

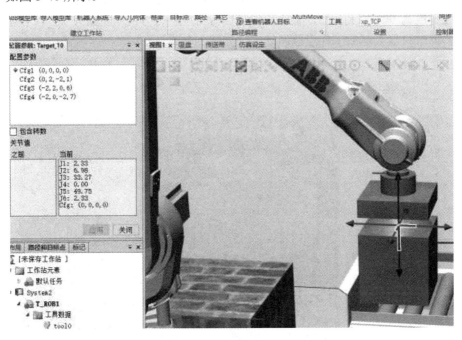

(a) 抓取点配置

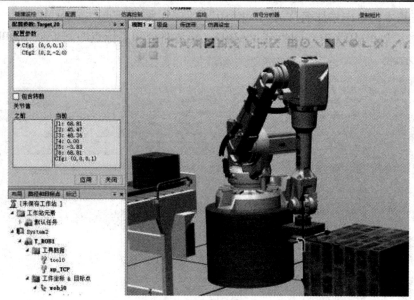

(b) 放置点配置

图 3-46　姿态设置

(3) 以目标点 Target_20 为原点，计算第一层工件的放置点偏移量。根据工件的尺寸，当第一个工件放置在托盘上时，xp_TCP 应当运动至–100 mm，100 mm 的位置；同理可以计算出第一层其余 8 个放置点的偏移量，因此可以得出如下关系式：

设 xp_TCP 放置点数量为 K，则：

当 $k \in 1$、2、3 时，
　　$x=-100-(k-1)*200$　$y=-500$
当 $k \in 4$、5、6 时，
　　$x=-100-(k-4)*200$　$y=-300$
当 $k \in 7$、8、9 时，
　　$x=-100-(k-7)*200$　$y=-100$

根据上述关系式即可计算出 xp_TCP 放置点相对于目标点 Target_20 的偏移量。

(4) 根据关系式，将编程语言添加至例行程序 py( ) 中，并将编程语言应用到控制器，如图 3-47 所示。

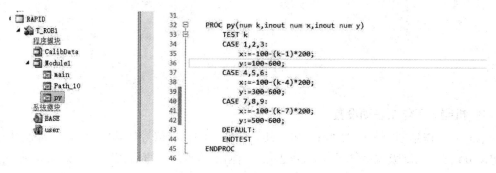

图 3-47　编写例行程序

(5) 在基本菜单中添加名称为"Path_10"的路径；将目标点"Target_10"和"Target_20"拖曳至路径"Path_10"中。同步至 RAPID，新建路径和目标点即同步至 RAPID 中，如图 3-48 所示。

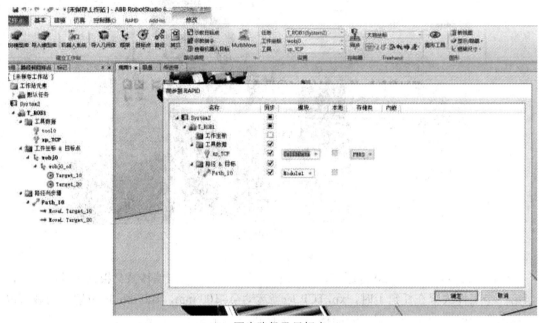

(a) 同步路径及目标点

(b) RAPID 编程

图 3-48　程序编辑

3. 机器人工作站联动设置

(1) 为工作站创建名称为"di"和"do"的输入和输出信号。其中 di 信号控制传送带启动，do 信号控制吸盘组件工作。新建输入和输出信号后，重启控制器，如图 3-49 所示。

Name	Type of Signal	Assigned to Device	Signal Identification Label	Device Mapping	Category	Access Level	Default Value	Filter Time
AUTO2	Digital Input	PANEL	Automatic Mode backup(X8:2)	0	safety	ReadOnly	0	0
CH1	Digital Input	PANEL	Run Chain 1	22	safety	ReadOnly	0	0
CH2	Digital Input	PANEL	Run Chain 2	32	safety	ReadOnly	0	0
do0	Digital Output			N/A		Default	0	N/A
DRV1BRAKE	Digital Output	DRV_1	Brake-release coil	2	safety	ReadOnly	0	
DRV1BRAKEFB	Digital Input	DRV_1	Brake feedback(X3:6) at Contactor Board	11	safety	ReadOnly	0	0
DRV1BRAKEOK	Digital Input	DRV_1	Brake Voltage OK	15	safety	ReadOnly	0	0
DRV1CHAIN1	Digital Output	DRV_1	Chain 1 Interlocking Circuit	0	safety	ReadOnly	0	N/A
DRV1CHAIN2	Digital Output	DRV_1	Chain 2 Interlocking Circuit	1	safety	ReadOnly	0	N/A
DRV1EXTCONT	Digital Input	DRV_1	External customer contactor (X2:6) at Contactor Board	4	safety	ReadOnly	0	0
DRV1FAN1	Digital Input	DRV_1	Drive Unit FAN1(X10:3 to X10:4) at Contactor Board	9	safety	ReadOnly	0	0
DRV1FAN2	Digital Input	DRV_1	Drive Unit FAN2(X11:3 to X11:4) at Contactor Board	10	safety	ReadOnly	0	0
DRV1K1	Digital Input	DRV_1	Contactor K1 Read Back chain 1	6	safety	ReadOnly	0	0
DRV1K2	Digital Input	DRV_1	Contactor K2 Read Back chain 2	7	safety	ReadOnly	0	0
DRV1LIM1	Digital Input	DRV_1	Limit Switch 1 (X3a) at Contactor Board	0	safety	ReadOnly	0	0
DRV1LIM2	Digital Input	DRV_1	Limit Switch 2 (X2b) at Contactor Board	1	safety	ReadOnly	0	0
DRV1PANCB1	Digital Input	DRV_1	Drive Voltage contactor coil 1	8	safety	ReadOnly	0	0
DRV1PANCB2	Digital Input	DRV_1	Drive Voltage contactor coil 2	9	safety	ReadOnly	0	0
DRV1PTCEXT	Digital Input	DRV_1	External Motor temperature(X2d:1 to X2d:2)	8	safety	ReadOnly	0	0
DRV1PTCINT	Digital Input	DRV_1	Motor temperature warning(X5:1 to X3:1) at Contactor Board	11	safety	ReadOnly	0	0
DRV1SPEED	Digital Input	DRV_1	Speed Signal(X1:17) at Contactor Board	13	safety	ReadOnly	0	0
DRV1TEST1	Digital Input	DRV_1	Run chain 1 glitch test	12	safety	ReadOnly	0	0
DRV1TEST2	Digital Input	DRV_1	Run chain 2 glitch test	14	safety	ReadOnly	0	0
DRV1TESTE1	Digital Output	DRV_1	Activate ENABLE2 glitch test at Contactor Board	6	safety	ReadOnly	0	N/A
DRVOVLD	Digital Input	PANEL	Overload Drive Modules	32	safety	ReadOnly	0	0
dw0	Digital Input			N/A		Default	0	
EN1	Digital Input	PANEL	Teachpendant Enable(X10:5)	3	safety	ReadOnly	0	0
EN2	Digital Input	PANEL	Teachpendant Enable backup(X10:6)	4	safety	ReadOnly	0	0
ENABLE1	Digital Input	PANEL	Logical Enable signal at Panel board	34	safety	ReadOnly	0	0
ENABLE2_1	Digital Input	PANEL	ENABLE2 from Contactor board 1(X7:7 to X7:8)	20	safety	ReadOnly	0	0
ENABLE2_2	Digital Input	PANEL	ENABLE2 from Contactor board 2(X8:7 to X8:8)	26	safety	ReadOnly	0	0
ENABLE2_3	Digital Input	PANEL	ENABLE2 from Contactor board 3(X14:7 to X14:8)	12	safety	ReadOnly	0	0
ENABLE2_4	Digital Input	PANEL	ENABLE2 from Contactor board 4(X17:7 to X17:8)	28	safety	ReadOnly	0	0

图 3-49　创建系统输入、输出信号

(2) 打开工作站逻辑设定，为工作站添加创建的输入和输入信号。整个工作站系统的工作逻辑为：传送带运行，当工件抵达位置后，传送带组件输出 dw 信号，工作站接收 dw 信号；控制机器人到达合适的位置；工作站输出 do 信号，do 信号由吸盘组件接收，吸盘组件控制吸盘组件抓取工件；工作站控制机器人到达放置点后，输出信号到吸盘组件，吸盘组件放下工件，同时发送信号至工作站，工作站控制机器人回到起始点。因此，机器人工作站的逻辑设计如图 3-50 所示。

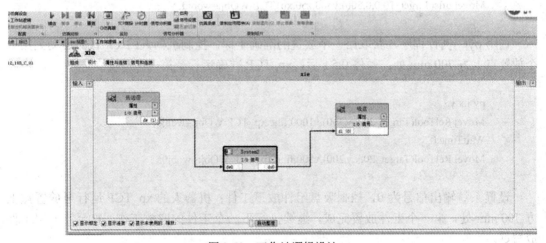

图 3-50　工作站逻辑设计

3.3.3　机器人路径编程

机器人在工作空间中运动的逻辑为：从起始点开始，运动到目标点 Target_10 抓取工件，接着运行到放置点，放下工件，机器人回到起始点。

机器人运动的起始点可以在 main( ) 主程序中直接定义。

```
MoveAbsJ [[0,0,0,0,90,0],[9E9,9E9,9E9,9E9,9E9,9E9]],v1000,fine,xp_TCP\WObj:=wobj0;
```

工作站程序执行过程为：从主程序开始，逐步执行每一条程序；当调用例行程序时，指针跳转至例行程序，开始执行例行程序；当例行程序执行完后，指针跳转至主程序，继续执行主程序的内容，直到主程序结束。因此，首先应当编写主程序代码。

1. 一层工件码垛

编写主程序代码：

机器人运动至 Target_10 目标点上方 300 mm 处。

```
MoveAbsJ [0,0,0,0,90,0],[9E9,9E9,9E9,9E9,9E9,9E9]],v1000,fine,xp_TCP\WObj:=wobj0;
```

添加 for 循环，此循环中 i 从 1 到 9 变化。变量 i 的值可以看做 9 个放置点。为 for 循环添加机器人运动路径。等待传送带输出信号，当信号为 1 时，xp_TCP 运行至 Target_10。

```
WaitDI dw0,1;
Movel offs(Target_10,0,0,0),v500,fine,xp_TCP\WObj:=wobj0;WaitDI dw0,1;
```

设置工作站输出信号。当输出信号为 1 时，激活吸盘组件中传感器检测功能，完成工件抓取，机器人运动至目标点 Target_10 上方 300 mm 处。

```
SetDO do0,1;
Movel offs(Target_10,0,0,300),v500,z50,xp_TCP\WObj:=wobj0;
```

调用 py( )例行程序，获取第一个放置的准确坐标，控制机器人的 xp_TCP 运动到第一个放置点上方 700 mm 处；暂停 0.5 s 后，xp_TCP 准确运行至第一个放置点。

```
py i,x,y;
Movej RelTool(Target_20,x,y,700),v1000,fine,xp_TCP\WObj:=wobj0;
WaitTime 0.5;
Movel RelTool(Target_20,x,y,200),v500,fine,xp_TCP\WObj:=wobj0;
```

设置系统输出信号为 0，控制吸盘组件放下工件；机器人的 xp_TCP 运行至放置点上方 700 mm 处，第一个工件放置完成，继续执行下一个工件的取放工作，直至第一层工件放置好。

```
SetDO do0,0;
WaitTime 0.5;
Movej RelTool(Target_20,x,y,700),v1000,fine,xp_TCP\WObj:=wobj0;
```

当第一层工件摆放完成后，跳出 for 循环，机器人 xp_TCP 回到起始点。

MoveAbsJ [[0,0,0,0,90,0],[9E9,9E9,9E9,9E9,9E9,9E9]],v1000,fine,xp_TCP\WObj:=wobj0;

RAPID 编程完成后，点击"应用"将程序同步至虚拟示教器。打开仿真菜单，点击"播放"，观察机器人运行过程，直至码垛完成，如图 3-51 所示。

(a)

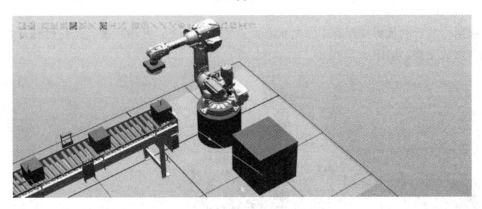

(b)

图 3-51　机器人码垛仿真

2. 多层工件码垛

在一层码垛基础上，增加工件层数。以 3 层码垛为例，我们需要知道机器人放置点在第几层和第几个放置点。添加一个变量 Z，用于控制码垛层高，利用 DIV 求商运算计算放置点的层数；利用 MOD 求模运算计算第几个放置点。

求商及求模的关系为：

```
z:=(((k-1) DIV 9)+1)*200;
k:=((k-1) MOD 9)+1;
```

修改 RAPID 代码，添加以下代码：

```
VAR num x:=0;
VAR num y:=0;
```

```
VAR num z:=0;
```

在 py( )例行程序中添加如下代码：

```
z:=(((k-1) DIV 9)+1)*200;
k:=((k-1) MOD 9)+1;
```

在 main( )主程序中添加如下代码：

```
Movej RelTool(Target_20,x,y,z+500),v1000,fine,xp_TCP\WObj:=wobj0;
WaitTime 0.5;
Movel RelTool(Target_20,x,y,z),v500,fine,xp_TCP\WObj:=wobj0;
WaitTime 0.5;
SetDO do0,0;
WaitTime 0.5;
Movej RelTool(Target_20,x,y,z+500),v1000,fine,xp_TCP\WObj:=wobj0;
```

应用修改后的代码，保存工作站状态；点击"播放"，观察机器人运行过程，直至三层工件摆放完整，如图 3-52 所示。

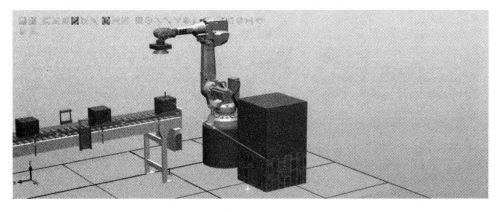

图 3-52　机器人多层码垛仿真

3.4　智能制造工业机器人装配在线编程

智能制造工业机器人在实际工作中，通常是利用在线示教的方式进行编程，本节将通过装配机器人的平台，演示在线编程。

3.4.1　示教器创建参数

启动装配机器人平台，将机器人模式调制手动模式，启动电机。

打开程序编辑器，在程序数据中为任务创建常量和变量，如表 3-1 所示。

表 3-1　创建常量和变量

数据类型	类型	名称	作用	备注
jointtarget	常量	home	机器人 TCP 原点	
	常量	gd1_get	获取工件安全点	
	常量	gd2_qujizuo	获取基座安全点	
	常量	gd_rfid_put	零件出库安全点	
	常量	gd_getdianzji_rfid	装配结束安全点	
robtarget	常量	jizuo_point	示教点	
	变量	zhupei_point_all	存放装配示教点数据	数组
	变量	a	传递工具坐标点	数组
	变量	tool_point	存放工具坐标点	数组

在示教器上创建好常量与变量，如图 3-53 所示。

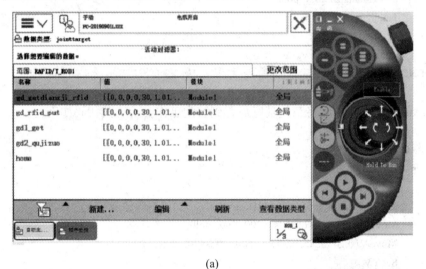

(a)

(b)

图 3-53　创建常量和变量

3.4.2　在线编程

将整个装配任务按照工具不同分成 4 个子程序：chengxu1( )；chengxu2( )；chengxu3( )；chengxu4( )。

chengxu1()子程序完成基座出库。其代码如下：

```
PROC chengxu1()
    a := tool_point{1};
    get_tool;
    a := get_jizuo_point;
    get_jizuo_put_chanpin;
    a := rfid_dianji_falan_point{1};
    check_rfid;
    a := zhuangpei_arry_point{1};
    fangjizuo_quchanin;
    a := tool_point{1};
    rention_tool;
ENDPROC
```

chengxu2( )子程序完成将工件基座放置到装配工作台上。其代码如下：

```
PROC chengxu2()
    a := tool_point{2};
    get_tool;
    a := rfid_dianji_falan_point{2};
    MoveAbsJ home\NoEOffs, v200, fine, tool0;
    MoveAbsJ gd_m_dianji_falan\NoEOffs, v200, fine, tool0;
    Set YV3;
    Reset YV4;
    WaitTime 1;
    MoveL Offs(a,0,0,150), v200, fine, tool0;
    MoveL a, v50, fine, tool0;
    Set YV4;
    Reset YV3;
    WaitTime 1;
    MoveL Offs(a,0,0,150), v50, fine, tool0;
    MoveAbsJ gd_m_dianji_falan\NoEOffs, v200, fine, tool0;
    MoveAbsJ home\NoEOffs, v200, fine, tool0;
    a := zhuangpei_arry_point{2};
    fangdianji;
    a := tool_point{2};
    rention_tool;
```

```
    ENDPROC
```

chengxu3( )子程序完成传送带运动及工件法兰装配。其代码如下：

```
PROC chengu3()
    a := tool_point{3};
    get_tool;
    Set EXDO2;
    Set EXDO16;
    WaitDI EXDI4, 1;
    WaitTime 3;
    Reset EXDO16;
    Reset EXDO2;
    WaitTime 1;
    MoveL gd_falan_point, v200, fine, tool0;
    MoveL rfid_dianji_falan_point{3}, v50, fine, tool0;
    Reset YV3;
    Reset YV4;
    Set YV5;
    MoveL gd_falan_point, v200, fine, tool0;
    MoveAbsJ home\NoEOffs, v200, fine, tool0;
    a := zhuangpei_arry_point{3};
    fangfalan;
    a := tool_point{3};
    rention_tool;
ENDPROC
```

chengxu4( )子程序完成将装配完的工件出库并放置到仓库中。其代码如下：

```
PROC chengxu4()
    a := tool_point{1};
    get_tool;
    a := zhuangpei_arry_point{1};
    quchengpin;
    a := rfid_dianji_falan_point{1};
    check_rfid;
    a := get_jizuo_point;
    fangchengpin;
    a := tool_point{1};
    rention_tool;
ENDPROC
```

在机器人完成四次任务时，取工件与放工件两个过程是相同的，不同的是其取和放的坐标不同，因此可以将此两个过程优化为两个例行程序，get_tool()和 rention_tool()。其代码如下：

```
PROC get_tool()
    MoveAbsJ home\NoEOffs, v200, fine, tool0;
    MoveAbsJ gd_m_tool\NoEOffs, v200, fine, tool0;
    Set YV1;
    Reset YV2;
    WaitTime 1;
    MoveL Offs(a,0,0,150), v200, fine, tool0;
    MoveL a, v50, fine, tool0;
    Set YV2;
    Reset YV1;
    WaitTime 1;
    MoveL Offs(a,0,0,150), v50, fine, tool0;
    MoveAbsJ gd_m_tool\NoEOffs, v200, fine, tool0;
    MoveAbsJ home\NoEOffs, v200, fine, tool0;
ENDPROC
PROC rention_tool()
    MoveAbsJ home\NoEOffs, v200, fine, tool0;
    MoveAbsJ gd_m_tool\NoEOffs, v200, fine, tool0;
    MoveL Offs(a,0,0,150), v200, fine, tool0;
    MoveL a, v50, fine, tool0;
    Set YV1;
    Reset YV2;
    Reset YV3;
    Reset YV4;
    WaitTime 1;
    MoveL Offs(a,0,0,150), v50, fine, tool0;
    MoveAbsJ gd_m_tool\NoEOffs, v200, fine, tool0;
    MoveAbsJ home\NoEOffs, v200, fine, tool0;
ENDPROC
```

同理，对工件出库和入库以及检测等都可以优化为例行程序，check_rfid( )、get_jizuo_put_chanpin( )、fangchengpin( )、fangjizuo_quchanin( )、quchengpin( )。

check_rfid( )例行程序完成基座出库检测和成品的入库检测。其代码如下：

```
PROC check_rfid()
    MoveAbsJ home\NoEOffs, v200, fine, tool0;
    MoveAbsJ gd_m_rfid\NoEOffs, v200, fine, tool0;
    MoveL Offs(a,0,0,100), v200, fine, tool0;
    MoveL a, v50, fine, tool0;
```

```
        WaitTime 2;
        MoveL Offs(a,0,0,100), v50, fine, tool0;
        MoveAbsJ gd_m_rfid\NoEOffs, v200, fine, tool0;
        MoveAbsJ home\NoEOffs, v200, fine, tool0;
    ENDPROC
```

get_jizuo_put_chanpin( )例行程序完成基座出库。其代码如下：

```
    PROC get_jizuo_put_chanpin()
        MoveAbsJ home\NoEOffs, v200, fine, tool0;
        MoveAbsJ gd_m_jizuo\NoEOffs, v200, fine, tool0;
        Set YV3;
        Reset YV4;
        WaitTime 1;
        MoveL Offs(a,0,0,100), v200, fine, tool0;
        MoveL a, v50, fine, tool0;
        Set YV4;
        Reset YV3;
        WaitTime 1;
        MoveL Offs(a,0,0,100), v50, fine, tool0;
        MoveAbsJ gd_m_jizuo\NoEOffs, v200, fine, tool0;
        MoveAbsJ home\NoEOffs, v200, fine, tool0;
    ENDPROC
```

fangchengpin( )例行程序完成成品入库。其代码如下：

```
    PROC fangchengpin()
        MoveAbsJ home\NoEOffs, v200, fine, tool0;
        MoveAbsJ gd_m_jizuo\NoEOffs, v200, fine, tool0;
        MoveL Offs(a,0,0,100), v200, fine, tool0;
        MoveL a, v50, fine, tool0;
        Set YV3;
        Reset YV4;
        WaitTime 1;
        MoveL Offs(a,0,0,100), v50, fine, tool0;
        MoveAbsJ gd_m_jizuo\NoEOffs, v200, fine, tool0;
        MoveAbsJ home\NoEOffs, v200, fine, tool0;
    ENDPROC
```

fangjizuo_quchanin( )例行程序完成机器到达基座放置安全点和获取产品安全点。其代码如下：

```
    PROC fangjizuo_quchanin()
```

```
        MoveAbsJ home\NoEOffs, v200, z50, tool0;
        MoveAbsJ gd_m_rfid\NoEOffs, v1000, z50, tool0;
        Set EXDO7;
        Reset EXDO8;
        WaitTime 1;
        MoveL Offs(a,0,0,100), v200, fine, tool0;
        MoveL a, v50, fine, tool0;
        Set YV3;
        Reset YV4;
        WaitTime 1;
        MoveL Offs(a,0,0,100), v50, fine, tool0;
        MoveAbsJ gd_m_rfid\NoEOffs, v200, z50, tool0;
        MoveAbsJ home\NoEOffs, v200, z50, tool0;
    ENDPROC
```

quchengpin( )例行程序完成获取成品，准备进行入库前的检测。其代码如下：

```
    PROC quchengpin()
        MoveAbsJ home\NoEOffs, v200, z50, tool0;
        MoveAbsJ gd_m_rfid\NoEOffs, v1000, z50, tool0;
        Set YV3;
        Reset YV4;
        WaitTime 1;
        Set EXDO7;
        Reset EXDO8;
        WaitTime 1;
        MoveL Offs(a,0,0,100), v200, fine, tool0;
        MoveL a, v50, fine, tool0;
        Set YV4;
        Reset YV3;
        WaitTime 1;
        MoveL Offs(a,0,0,100), v50, fine, tool0;
        MoveAbsJ gd_m_rfid\NoEOffs, v200, z50, tool0;
        MoveAbsJ home\NoEOffs, v200, z50, tool0;
    ENDPROC
```

主程序中，直接调用四个任务。其代码如下：

```
    PROC main()
        chengxu1;
        chengxu2;
        chengxu3;
        chengxu4;
    ENDPROC
```

3.4.3 程序调试及运行

启动示教器势能键，示教机器人的目标点。

(1) 示教 gd1_get 点：控制示教器摇杆通过手动线性，控制机器人移动至工具库上方，示教机器人在取、放工件时的安全点，如图 3-54 所示。

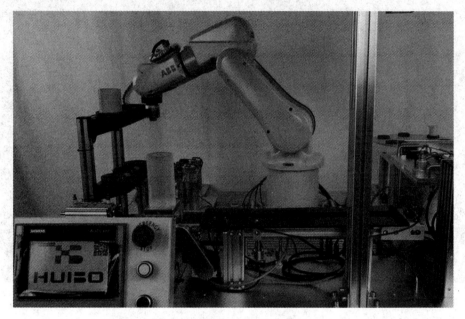

图 3-54 示教取、放工具的安全点

(2) 示教工具坐标点：控制示教器摇杆通过手动线性，控制机器人移动至工具上，示教 tool_point 数组中三个坐标点，如图 3-55 所示。

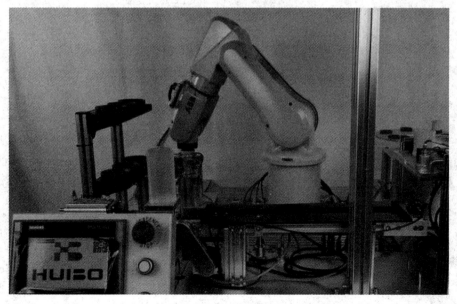

图 3-55 示教工具坐标

指针调至 chengxu1()，分步运行程序，纠偏程序，如图 3-56 所示。

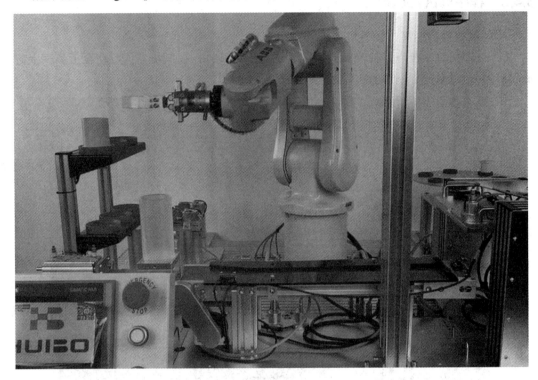

图 3-56　调试 chengxu1( )

(3) 示教 gd2_qujizuo 和 gd_rfid_put 目标点，如图 3-57 所示。

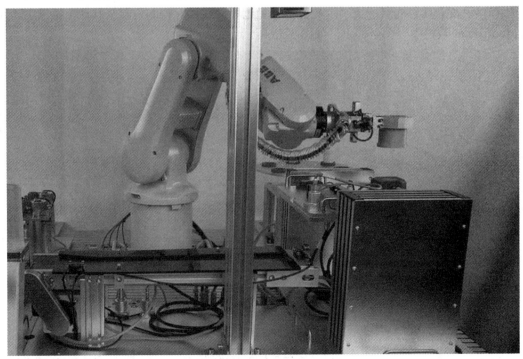

图 3-57　示教 gd2_qujizuo 和 gd_rfid_put 目标点

指针调至 chengxu2( )，分步运行程序，纠偏程序，如图 3-58 所示。

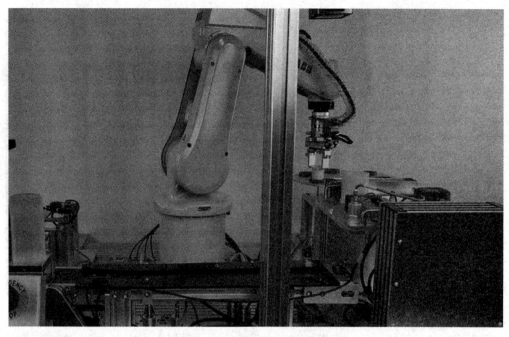

图 3-58　调试 chengxu2( )

(4) 示教 zhupei_point_all( )数组，完成装配目标点的记录；示教 gd_getdianzji_rfid 点，保证机器人完成转配后的安全点。

指针调至 chengxu3( )，分步运行程序，纠偏程序，如图 3-59 所示。

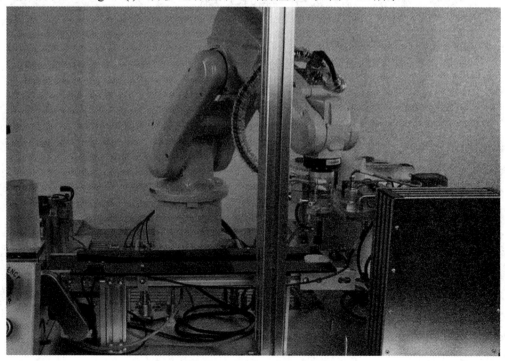

图 3-59　调试 chengxu3( )

指针调至 chengxu4( )，分步运行程序，纠偏程序，如图 3-60 所示。

图 3-60　调试 chengxu4()

　　四个程序任务无问题后，将光标移至主程序，在示教器上点击自动运动按钮，观察机器人装配过程，完成机器人装配的仿真过程。

本 章 习 题

　　1. Smart 组件中信号是如何传递的？

　　2. Smart 组件与工作站系统是如何同步运行的？

　　3. 工作站中机器人、传送带、组件是如何信号传递的？

　　4. 当机器人出现转角错误时，原因有哪些？

　　5. 通过示教，全局变量与可变量的区别是什么？

　　6. 在图 3-37 所示中，当 xp_TCP 运动到目标点 Target_10 后，并没有抓取工件，为什么？

　　7. 装配示教中创建了两个三维数组，可以优化为一个数组吗，为什么？

　　8. 装配程序中还有哪些方面可以优化？

　　9. 建立夹爪工具、传送带和机器人同步运动仿真。

　　10. 实现 200 mm×300 mm×300 mm 长方体工件的码垛(提示：放置点偏移量需要重新计算)。

　　11. 实现单传送带双面码垛，每侧 3 层，每层 7 个工件(提示：在主程序中添加机器人另一侧码垛代码；工作站中添加输入和输入信号，输入信号由托盘反馈给工作站，输出信号控制机器人进行另一面码垛)。

第 4 章　数字孪生技术实训

学习目标：

· 了解数字孪生技术的概念；

· 了解 MCD 软件；

· 掌握 MCD 软件的基本操作；

· 掌握简易生产线的设计与仿真。

4.1　数字孪生技术概述

新一代信息技术和制造业的深度融合推动了新一轮科技革命和产业变革，为了在新时代的竞争中取得领先地位，各国都提出了相应的技术发展战略(比如我国的"中国制造 2025"战略，德国的"工业 4.0"战略和美国的"工业互联网"战略等)，推动了制造业自动化、信息化、互联化、智能化的数字化发展进程。数字孪生是实现制造信息世界与物理世界交互融合的一种有效手段，许多企业(如空客、洛克希德马丁、西门子等)与组织(如 Gartner、德勤、中国科协智能制造协会)对数字孪生给予了高度重视，并且开始探索基于数字孪生的智能生产新模式。西门子正式提出"数字孪生"的概念，并在 2017 年汉诺威工业博览会上，全面展示了以数字化手段支持制造企业在基于"数字孪生"的完全虚拟的环境内模拟、测试并优化产品、生产工艺流程和工厂设备，这不仅帮助制造业和过程工业领域的企业大幅提高创新速度和生产力，而且可以创建新的业务模式。

4.1.1　数字孪生的定义

数字孪生(Digital Twin)是指具有数据连接的特定物理实体或过程的数字化表达，该数据连接可以保证物理状态和虚拟状态之间的同速率收敛，并提供物理实体或流程过程的整个生命周期的集成视图，有助于优化整体性能。数字孪生中的"双胞胎"并不是完全一样的两个个体，而是两个系统，其中一个系统存在于现实的物理空间，另一个系统存在于计算机世界的虚拟空间。数字孪生模型如图 4-1 所示，包括真实空间的物理产品、虚拟空间的虚拟产品、连接虚拟空间和真实空间的数据与信息这三个部分。

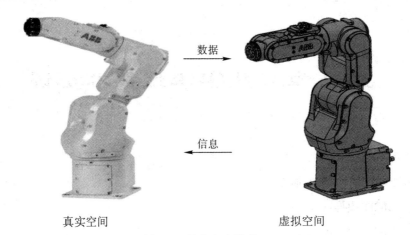

真实空间　　　　　　　　　　　　虚拟空间

图 4-1　数字孪生模型

4.1.2　数字孪生的发展

数字孪生有时候也用来指将一个工厂的厂房及生产线，在没有建造之前，可以在计算机上完成数字化模型建设，从而在虚拟的赛博空间中对工厂进行仿真和模拟，并将真实参数传给实际的工厂建设。在厂房和生产线建成之后的日常运维中，二者继续进行信息交互。

数字孪生模型不是一种全新的技术，它具有现有的虚拟制造、数字样机等技术的特征，并以这些技术为基础发展而来。虚拟制造技术(Virtual Manufacturing Technology, VMT)以虚拟现实和仿真技术为基础，对产品的设计、生产过程统一建模，在计算机上实现产品设计、加工、装配、检验、使用及回收整个生命周期的模拟和仿真，从而无须进行样品制造，在产品的设计阶段就可模拟出产品及其性能和制造流程，以此来优化产品的设计质量和制造流程，优化生产管理和资源规划，达到产品开发周期和成本的最小化、产品设计质量的最优化和生产效率的最高化，从而形成企业的市场竞争优势。

随着认知的深化，数字孪生在发展过程中主要经历了三个阶段。

(1) 数字样机阶段。数字样机是数字孪生的最初形态，是对机械产品整机或者具有独立功能的子系统的数字化描述。

(2) 狭义数字孪生阶段。这一阶段由 Grieves 教授提出，其定义对象是产品及产品全生命周期的数字化表征。

(3) 广义数字孪生阶段。在定义对象方面，广义数字孪生将涉及范围进行了大规模延伸，从产品扩展到产品之外的更广泛领域。

Gartner 咨询公司连续三年将数字孪生列为十大技术趋势之一，该公司对数字孪生的描述为：数字孪生是现实世界实体或系统的数字化表现。因此，数字孪生成为任何信息系统或数字化系统的总称。

4.1.3　数字孪生的典型特征

从数字孪生的定义来看，数字孪生具有以下几个典型特征。

1. 互操作性

数字孪生中的物理对象和数字空间能够双向映射、动态交互和实时连接，因此数字孪生具备以多样的数字模型映射物理实体的能力，具有能够在不同数字模型之间转换、合并和建立"表达"的等同性。

2. 可扩展性

数字孪生技术具备集成、添加和替换数字模型的能力，能够针对多尺度、多物理、多层级的模型内容进行扩展。

3. 实时性

数字孪生技术要求数字化，即以一种计算机可识别和处理的方式管理数据，以随时间轴变化的物理实体进行表征。表征的对象包括外观、状态、属性、内在机制，形成物理实体实时状态的数字虚体映射。

4. 保真性

数字孪生的保真性用来描述数字虚体模型和物理实体的接近性。要求虚体和实体不仅要保持几何结构的高度仿真，在状态、相态和时态上也要仿真。值得一提的是，在不同的数字孪生场景下，同一数字虚体的仿真程度可能不同。例如，工况场景中可能只要求描述虚体的物理性质，并不需要关注化学结构细节。

5. 闭环性

数字孪生中的数字虚体用于描述物理实体的可视化模型和内在机制，以便于对物理实体的状态数据进行监视、分析推理，并对工艺参数和运行参数进行优化，实现决策功能，即赋予数字虚体和物理实体一个"大脑"。因此，数字孪生具有闭环性。

4.1.4　数字孪生技术在制造中的作用

数字孪生技术在智能制造领域的应用场景主要有产品研发、工艺规划和生产过程管理、设备维护与故障预测。

1. 数字孪生应用于产品研发

数字孪生突破物理条件的限制，帮助用户了解产品的实际性能，以更少的成本和更快的速度迭代产品和技术。数字孪生技术不仅支持三维建模，实现无纸化的零部件设计和装配设计，还能取代传统通过物理实验取得实验数据的研发方式，用计算、仿真、分析或虚拟实验的方法来指导、简化、减少甚至取消物理实验。用户利用结构、热学、电磁、流体和控制等仿真软件模拟产品的运行状况，对产品进行测试、验证和优化。数字孪生不仅缩短了产品的设计周期，而且提高了产品研发的可行性、成功率，减少了危险，大大降低了试制和测试成本。

2. 数字孪生应用于工艺规划和生产过程管理

数字孪生技术可以应用于生产制造过程从设备层、产线层到车间层、工厂层等不同的层级，贯穿于生产制造的设计、工艺管理和优化、资源配置、参数调整、质量管理和追溯、能效管理、生产排程等各个环节，对生产过程进行仿真、评估和优化，系统地规划生产工艺、设备、资源，实时监控生产工况，及时发现和应对生产过程中的各种异常和不稳定性，实现降本、增效、保质的目标，并满足环保的要求。

3. 数字孪生应用于设备维护与故障预测

数字孪生提供物理实体的实时虚拟化映射，设备传感器将温度、振动、碰撞、载荷等数据实时输入数字孪生模型，并将设备使用环境数据输入模型，使数字孪生的环境模型与实际设备工作环境的变化保持一致，在设备出现状况前提早进行预测，以便在预定停机时间内更换磨损部件，避免意外停机。通过数字孪生，可实现复杂设备的故障预测(比如航天飞行器的故障预测)，对航空发动机进行故障预测与维护等。

4.1.5　数字孪生技术开发平台

目前，数字孪生建模通常基于仿真技术、通用编程语言、仿真语言和专用仿真软件编写相应的模型。使用的数字孪生建模语言主要有 AutomationML、UML、SysML 和 XML 等，使用的专用工业仿真软件包括 CAD、CAE、CFD、EDA 和 TCAD 等。目前，我国使用的 CAE 软件主要包括 ANSYS、海克斯康、Altair、西门子、达索、Emulate3D、Cadence、Comsol、Autodesk、ESI、Synosys、Midas、Livemore 等公司的产品。本章以西门子公司的机电概念设计为例讲解数字孪生技术应用实训。

机电概念设计(Mechatronics Concept Designer，MCD)即西门子机电一体化产品概念设计，是一种全新的解决方案，适用于机电一体化产品的概念设计。借助该软件，可对包含多物理场以及通常存在于机电一体化产品中的自动化相关行为的概念进行 3D 建模和仿真。MCD 支持功能设计方法，可集成上游和下游工程领域，包括需求管理、机械设计、电气设计以及软件/自动化工程。MCD 可加快机械、电气和软件设计产品的开发速度，专注于机械部件、传感器、驱动器和运动机构的概念设计。MCD 可实现创新性的设计技术，满足机械设计人员提升速度的需求，不断提高机械生产效率，缩短设计周期，降低成本。

MCD 是 NX 解决方案的重要组成部分，为产品的机电一体化并行设计提供了平台，加快了虚拟设计与物理制造之间的融合，同时降低了产品的复杂性风险。该解决方案使工程设计人员只需几步就可以获得机械概念、所需功能以及机械行为的虚拟定义，并支持 3D 建模以及机电一体化产品中常见的多体物理学和自动化相关行为的概念仿真。MCD 支持不同部门在产品开发早期就参与协同工作，同时支持现有设计的重复使用，可以帮助机械制造企业从传统的串行设计流程升级为多学科协同研发，以显著加快产品的设计速度，从而提升企业的竞争力。

MCD 的主要能力具体有以下四个方面。

1. 集成式系统工程方法

MCD 可为机械设计的全新方法的提出提供支持。此方法可确保从产品开发的最初阶段就能获得机电一体化产品的行为和逻辑特性需求，并获得支持。MCD 可与 Siemens PLM Software 的 Teamcenter 产品生命周期管理软件结合使用，以提供端到端机械设计解决方案。在开发周期的开始，设计人员可以使用 Teamcenter 的需求管理和系统工程功能构建工程模型，体现出客户的意见。Teamcenter 采用结构化层次结构收集、分配和维护产品需求，可从客户角度描述产品。开发团队可以分解功能部件，并对各种变型进行描述，将它们与需求直接联系起来。这种功能模型可促进跨学科协同，并可确保在整个产品开发过程中满足客户的期望。

通过这种功能机械设计方法，MCD 可在早期阶段促进跨学科概念设计。所有工程学科可以并行协同设计一个项目：

(1) 机械工程师可以根据三维形状和运动学创建设计方案。

(2) 电气工程师可以选择并定位传感器和驱动器。

(3) 自动化编程人员可以设计机械的基本逻辑行为，首先设计基于时间的行为，然后定义基于事件的控制。

2. 概念建模和基于物理场的仿真

MCD 提供易于使用的建模和仿真，可在开发周期的最初阶段迅速创建并验证备选概念，借助早期验证可帮助检测并纠正错误，此时解决错误的成本最低。MCD 可从 Teamcenter 直接载入功能模型，以加快机械概念设计的速度。对于模型中的每项功能，用户可为新部件创建基本几何模型，或从重用库中添加现有部件。对于每个部件，用户可通过直接引用需求和使用交互式仿真来验证正确操作，迅速指定运动副、刚体、运动、碰撞行为及运动学和动力学的其他方面。通过添加传感器和驱动器等其他细节，可为具体电气工程和软件开发准备好模型。用户也可为驱动器定义物理场——位置、方向、目标和速度。MCD 包括多种工具，用于指定时间、位置和操作顺序。MCD 中的仿真技术基于游戏物理场引擎，可以基于简化数学模型将实际物理行为引入虚拟环境。该仿真技术易于使用，借助优化的现实环境建模，只需几步即可迅速定义机械概念和所需的机械行为。其仿真过程采用交互方式，因此用户可以通过鼠标指针施加作用力或移动对象。

3. 智能对象

通过模块化和重用，MCD 可帮助用户最大限度地提高设计效率。借助该解决方案，用户可获取智能对象中的机电一体化知识，并将这些知识存储在库中，供以后重用。在重用过程中，因为能够基于经验证的概念进行设计，所以可提高质量，并且可通过消除重新设计和返工来加快开发速度。借助 MCD，用户可以在一个文件中获取所有学科的所有机电一体化数据。这些数据包括三维几何体和图形在运动学和动力学等方面的物理数据，也包括传感器和驱动器及其接口、传输、功能以及操作的相关数据。这些智能对象可以通过简单的拖放操作从重用库应用于新设计中。

4. 面向其他工具的开放式接口

MCD 的输出结果可以直接用于多个学科的具体设计工作。

(1) 机械设计。由于 MCD 基于 NX CAD 平台,因此 MCD 提供了高级 CAD 设计需要的所有机械设计功能。MCD 还可将模型数据导出到很多其他 CAD 工具,包括 Catia、Pro/ENGINEER、SolidWorks 等。

(2) 电气设计。借助 MCD,用户可以开发传感器和驱动器列表,并以 HTML 或 Excel 电子表格格式输出。电气工程师可以使用此列表选择传感器和驱动器。

(3) 自动化设计。MCD 可通过提供零部件模型和操作顺序图,支持更高效的软件开发。操作顺序甘特图能以 PLCopen XML 标准格式(该格式被广泛用于开发可编程逻辑控制器(PLC)代码的编程软件工具中)导出,用于描述行为和顺序。

4.2　MCD 软件介绍

4.2.1　进入 MCD 软件环境界面

MCD 软件是在安装 Siemens NX 软件平台时作为附加产品进行安装的,已嵌入 Siemens NX 软件平台。进入 MCD 软件环境界面的操作过程如下:

首先,双击桌面 Siemens NX 快捷键图标或单击桌面左下方的"开始"按钮,在应用程序中找到 Siemens NX 文件夹下 NX 程序或 Siemens 机电概念设计程序,启动 NX 平台,如图 4-2 所示。然后,在 NX 平台"主页"功能区单击"新建"命令或单击"文件"下拉菜单下的"新建"命令,在弹出的"新建"对话框中选择"机电概念设计"选项卡,如图 4-3 所示。可选择"常规设置"模板或"空白"模板,设置文件名和存储路径,最后单击"确定"按钮,进入 MCD 软件环境界面,如图 4-4 所示。

图 4-2　Siemens NX 软件平台界面

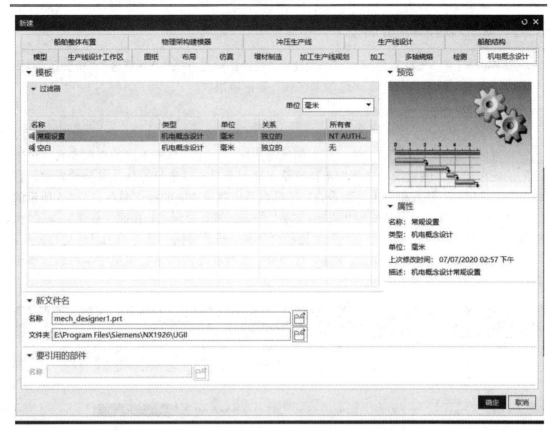

图 4-3　新建对话框

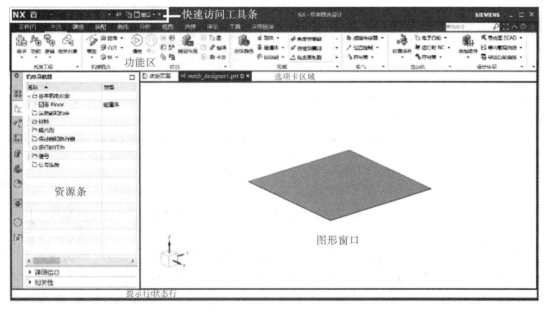

图 4-4　MCD 软件环境界面

4.2.2　MCD 软件环境界面

图 4-4 所示的 MCD 软件环境界面主要由"快速访问工具条""功能区""资源条""图形窗口""提示行/状态行"和"选项卡区域"等区域组成。

1. 功能区

功能区包含 MCD 软件的所有命令和功能，主要由文件、主页、建模、装配、曲线、分析、视图、选择、渲染、工具、应用模块等选项卡组成。单击不同的选项卡名就进入不同的应用模块，例如，"文件"下拉菜单主要用于对文件进行操作，其包含新建、打开、关闭、保存、导入和导出等命令。功能区显示出对应功能的操作命令，图 4-5 所示的"主页"选项卡中的命令是采用"图标+文字"的方式进行显示的，按照"系统工程""机械概念""仿真""机械""电气""自动化"和"设计协同"等分组工具栏进行分类，并把一些功能相近或相关联的命令再进行细分，安排在不同的下拉菜单中。可通过单击命令后面的下拉箭头进行查找。

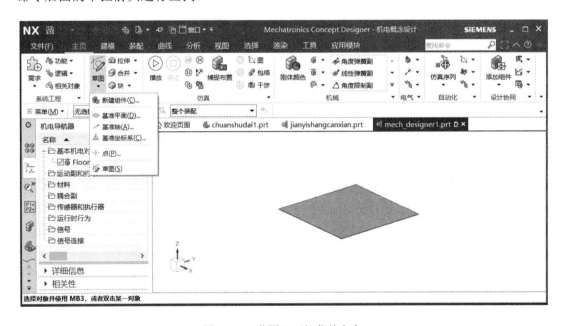

图 4-5　"草图"下拉菜单命令

2. 资源条

资源条是利用很小的用户界面空间，在公共区将许多工具(如常用导航工具和资源板工具)组合在一起，以便于用户操作的一块区域，如图 4-6 所示。单击左列资源条选项卡的工具按钮，右侧白框区域将显示出所选工具的功能和参数设置等信息。单击"资源条选项"按钮图标✿，可对资源条进行左右侧显示位置和选项卡工具选择等设置。常用的选项卡工具主要包括"系统导航器""机电导航器""运行时察看器""运行时表达式""装配导航器""部件导航器"和"序列编辑器"等。

图 4-6　资源条

1) 系统导航器

系统导航器提供了从机电概念设计到 Teamcenter(西门子提供的贯穿产品全生命周期的 PLM 解决方案)的需求模型、功能模型和逻辑模型的链接，通常这些模型在 Teamcenter 中创建，并建立相互间的链接关系，通过这些链接关系找到需求、功能和逻辑，以便在产品设计过程中使用。

2) 机电导航器

可将机电概念设计中创建的基本机电对象、运动约束、材料、耦合副、传感器、执行器、运动时行为、信号和信号连接等添加到机电导航器中，并分配在对应的文件夹中，如图 4-7 所示。

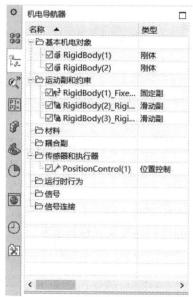

图 4-7　机电导航器

3) 运行时察看器

运行时察看器用于监测仿真过程中所选机电对象运行时的参数，并记录和管理仿真数据。将机电对象添加到运行时察看器中，不仅可以通过运行时察看器监测、修改对象运行时的参数值，还可以实现画图、快照和仿真录制功能。

4) 运行时表达式

运行时表达式用于管理在运行时的命令，在创建仿真过程中定义某些特征的算术或者条件公式。

5) 装配导航器

装配导航器采用树形结构显示由多个相同或不同的组件通过约束得到的装配文件。通过装配导航器，能够清晰地看到组件的组成部件，控制各个部件在组件里的参数显示，并将部件按照装配的时间顺序或字母顺序等进行排列，以便于查看部件参数，还可选择需要的部件，以执行不同的操作或功能验证，在装配导航器中进行装配管理，并通过右键点选任意一个部件可以进行添加组件、设为工作组件、移动等编辑操作，如图 4-8 所示。

图 4-8　装配导航器

6) 部件导航器

部件导航器用于记录画图步骤，以便于查看画图的过程和修改，可以退回到任意一步进行修改，也可以不退回，单独地更改以前的画图操作步骤或者参数。

7) 序列编辑器

序列编辑器显示机电系统中创建的所有仿真序列，管理仿真序列在什么时间或什么条件下开始执行，并对机电对象的运动逻辑关系进行控制。

3. 其他界面区域

图形窗口用来进行组件和部件建模，进行三维模型的显示与分析等；快速访问工具条主要提供保存、撤销、重做、剪切、复制、粘贴等编辑和窗口操作的快捷操作按钮；提示行/状态行用来显示对象选定、总计个数和仿真时间等信息；选项卡区域用来显示在窗口或选项卡中打开文件的名称。

4.2.3　MCD 软件常规设置

1. 用户默认设置

在使用 MCD 软件进行设计之前，需要对软件默认的操作参数进行设置。单击"文件"下拉菜单中"实用工具"里的第一项"用户默认设置"，打开"用户默认设置"对话框，如图 4-9 所示。机电概念设计包括常规、集成设置、系统导航器和序列编辑器等参数设置，其中常规设置主要包括重力和材料、机电引擎、察看器和运行时等参数。用户可以不设置，直接使用默认值。如需根据设计要求修改参数的默认值，必须重启 NX 软件才能使修改后的参数生效。

图 4-9　"用户默认设置"对话框

2. 机电概念设计首选项

首选项主要是对建模、草图、装配、用户界面、可视化和机电概念设计等方面的参数进行默认设置。其中，机电概念设计首选项也可以更改默认的系统参数，其与用户默认设置主要区别在于：用户默认设置用于全局默认参数的设置，设置后需要重启 NX 才能生效；而机电概念首选项设置的参数存储在工作部件中，只对当前工作部件有效，并会覆盖用户默认设置的参数。

单击"文件"下拉菜单中"首选项"里面的"机电概念设计"命令，打开"机电概念设计首选项"对话框，如图 4-10 所示。使用机电概念设计首选项设置时，大部分设置与用户默认设置一致，只有少许部分有差别。

图 4-10   "机电概念设计首选项"对话框

4.3   MCD 软件的基本操作

本节主要介绍 MCD 软件的基本操作命令和其对基本机电对象、常用运动副、常用耦合副、常用传感器、常用驱动对象等内容的应用。

4.3.1   创建基本机电对象

1. 立方体建模

(1) 单击功能区"建模"选项卡，显示出"建模"选项卡命令，然后单击"基本"工具栏区域右侧"更多"下拉三角符号，找到"设计特征"中的"块"命令，如图4-11所示。

图 4-11   "设计特征"中的"块"命令

(2) 单击"块"命令，弹出"块"对话框，如图 4-12 所示。输入尺寸设置块的长度、宽度和高度等参数值，然后单击原点设置"指定点"后面的"⌖"图标，调出"点"对话框，如图 4-13 所示。设置原点在绝对坐标系中的 X、Y 和 Z 等输出坐标参数值，单击"确定"按钮，回到"块"对话框，最后再单击"块"对话框中的"确定"按钮，就在图形窗口显示出所建立方体模型，如图 4-14 所示。

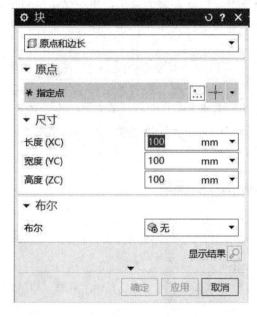

图 4-12 "块"对话框

图 4-13 "点"对话框

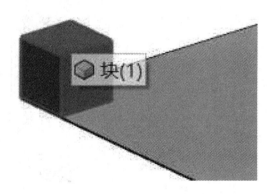

图 4-14 立方体模型

2. 刚体创建

刚体组件可使几何体在物理系统的控制下运动，刚体可接受外力与扭力来保证几何体如同在真实世界中那样进行运动。任何几何体只有添加了刚体组件才能受到重力或者其他作用力的影响，例如添加了刚体组件的几何体受重力影响会落下。如果几何体未添加刚体组件，那么这个几何体将完全静止。

刚体具有以下物理属性：

(1) 质量和惯性；

(2) 平动和转动速度；

(3) 质心位置和方位由所选几何体决定。

刚体创建过程如下：

(1) 单击"主页"选项卡机械工具栏区域的"刚体"命令或右键单击资源条中的机电导航器里面"基本机电对象"，弹出"创建机电对象"下拉菜单，单击"刚体"命令，弹出"刚体"对话框，如图 4-15 所示。

(2) 在"刚体"对话框中，单击"选择对象"选项后面的对象命令(⊕)，在图形窗口中单击立方体模型选中该对象，就可以设置质量属性、初始平移与旋转速度和刚体颜色等参数，然后为该刚体命名，也可以采取默认参数设置与名称 RB(1)，最后单击"确定"按钮，就把该立方体对象变成刚体对象，并出现在资源条中的机电导航器里面"基本机电对象"文件夹中，如图 4-16 所示。

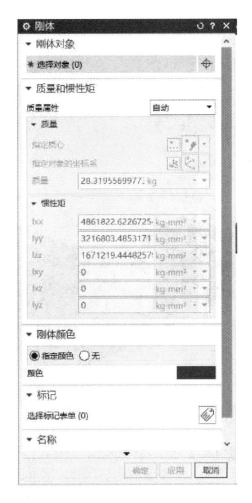

图 4-15　"刚体"对话框

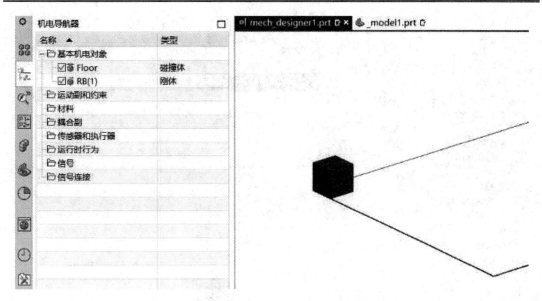

图 4-16 立方体对象变成刚体对象

3. 仿真

通过"主页"功能区的"仿真"工具栏命令,能够实现 MCD 的虚拟调试和数字孪生的功能,如图 4-17 所示。

图 4-17 "仿真"工具栏命令

常用命令具体功能如下:

(1)"播放"命令(⊳),运行虚拟仿真。

(2)"停止"命令(□),停止虚拟仿真。

(3)"重新开始"命令(◄◄),从头开始虚拟仿真。

(4)"前进一步"命令(⊳),将仿真移至下一步。

(5)"暂停"命令(Ⅲ),在当前步骤暂停虚拟仿真。

(6)"前进序列"命令(▶▣),将虚拟仿真移至下一步操作。

(7)"时间标度"命令(⊗),设置仿真步骤时间标度。

(8)"快照"命令(▣),抓取当前仿真的快照。

以图 4-16 所建立方体刚体对象为例,在立方体创建成刚体之后就具有了重力属性,单击"播放"仿真命令,由于该刚体不具备碰撞属性,就会在重力作用下穿透 Floor 而垂直下落,如图 4-18 所示。单击"停止"命令,立方体就回到原处。其余命令在后续仿真过程中介绍具体使用。

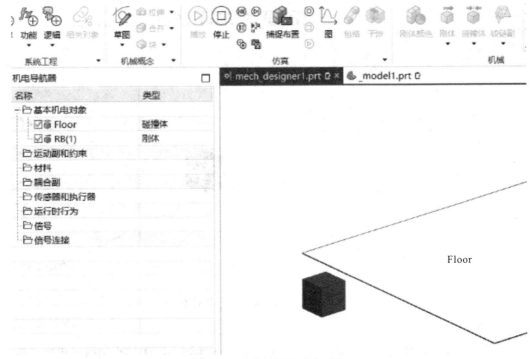

图 4-18　立方体刚体垂直下落

4. 碰撞体创建

碰撞体是物理组件的一类，它要与刚体一起添加到几何体上才能触发碰撞。如果两个刚体相互撞在一起，且都定义有碰撞体时，物理引擎才会计算碰撞。在物理模拟中，没有碰撞体的刚体会彼此相互穿过。MCD 利用简化的碰撞形状来高效计算碰撞关系。MCD 支持的几种碰撞形状，其计算性能从优到一般依次是：方块≈球≈胶囊>凸面体>多凸面体>网格面。

碰撞体创建过程如下：

(1) 以图 4-19 所示，首先在 Floor 上方 300 mm 处创建一个直径为 100 mm，高为 100 mm 的圆柱体对象，然后单击"主页"选项卡机械工具栏区域的"碰撞体"命令或右键单击资源条中的机电导航器里面"基本机电对象"，弹出"创建机电对象"下拉菜单，单击"碰撞体"命令，弹出"碰撞体"对话框，如图 4-20 所示。

(2) 在"碰撞体"对话框中，单击"选择对象"选项后面的对象命令(⊕)，然后在图形窗口中单击立方体模型选中该对象，把碰撞形状选择"圆柱体"，形状属性选择自动，碰撞设置选择碰撞时高亮显示(在前面方框中打"√")，并为该碰撞体重新命名，也可以保持默认 CB(1)，以及可在形状属性里选择用户定义来重新对圆柱体在坐标系中的位置和其尺寸进行参数修改，最后单击"确定"按钮，该圆柱体就被创建成"碰撞体"，如图 4-21 所示，并出现在资源条中的机电导航器里面"基本机电对象"文件夹中。

(3) 单击"播放"仿真命令，就会发现 RB(1)刚体在重力作用下穿透 Floor 而垂直下落而 CB(1)碰撞体不会下落，如图 4-22 所示。如果把 CB(1)圆柱体也创建出刚体 RB(2)，其既是刚体又是碰撞体，就会发现在仿真过程中，会垂直下落并与 Floor 碰撞体发生碰撞而不会穿透，如图 4-23 所示。

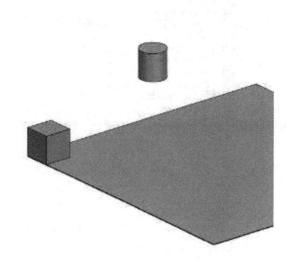

图 4-19　体对象

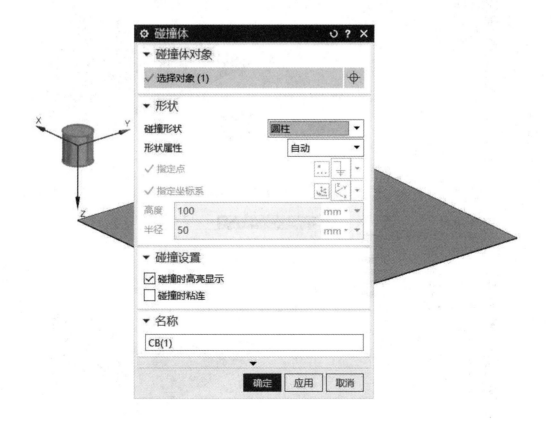

图 4-20　"碰撞体"对话框

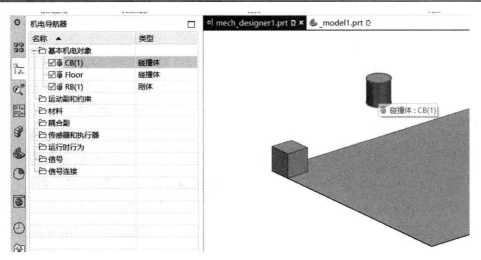

图 4-21　圆柱体创建成"碰撞体"

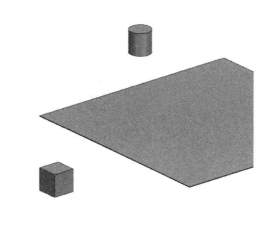

图 4-22　碰撞体不会下落

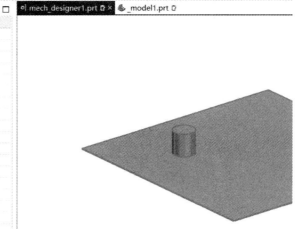

图 4-23　两个碰撞体发生碰撞

5. 传输面创建

传输面是一种物理属性，将所选的平面转化为"传送带"的一种机电"执行器"。若有其他物体放置在传输面上，则会按照传输面指定的速度和方向将此物体运输到其他位置。

传输面必须是一平面，需要和碰撞体配合使用，且是一一对应的关系，该物体与其相对运动物体的运动类型可以是直线或圆。

传输面创建过程如下：

(1) 首先以图 4-24 所示创建平板与立方体，在 Floor 上方 200 mm 处创建一个直径为 500 mm 长，宽为 150 mm，高为 2 mm 的碰撞体 CB(2)(平板)，并在碰撞体上方 200 mm 处创建一个刚体 RB(3)(立方体)，右键单击资源条中的机电导航器里面"传感器和执行器"文件夹，弹出"创建机电对象"下拉菜单，单击"传输面"命令，弹出"传输面"对话框，如图 4-25 所示。

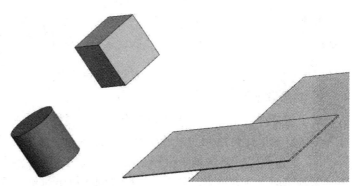

图 4-24　创建平板与立方体

图 4-25　"传输面"对话框

(2) 在"传输面"对话框中，单击"选择面(0)"选项后面的面命令(🖱)，然后在图形窗口中单击平板选中该对象，把速度和位置设置项中的运动类型选择"直线"(点击直线前面的圆圈)，指定矢量是用来传输面的传输方向，有 11 种设定方向，此处选择 XC 轴(即 X 轴正方向)，速度在平行方向设置 50 mm/s，垂直方向设置 0 mm/s，起始位置在平行与垂直方向均设置为 0 mm，并为该传输面重新命名，也可以保持默认 TS(1)，最后单击"确定"按钮，该平板就被创建成"传输面"，并出现在资源条中的机电导航器里面"传感器和执行器"文件夹中。

(3) 单击"播放"仿真命令，就会发现 RB(3)立方体在重力作用下垂直下落到 CB(2)上并沿 X 轴正方向进行移动，如图 4-26 所示。当移出平板时，在重力作用下发生掉落。

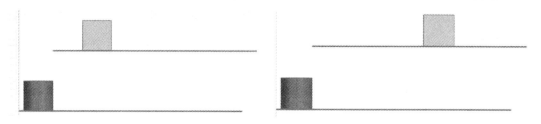

图 4-26   立方体移动

6. 对象源创建

对象源是在特定时间间隔创建多个外表、属性相同的对象。特别适用于生产线和物料流等案例，以上文传输面创建过程中的立方体为例来讲解对象源创建过程。

(1) 单击"主页"选项卡机械工具栏区域的"对象源"命令或右键单击资源条中的机电导航器里面"基本机电对象"，弹出"创建机电对象"下拉菜单，单击"对象源"命令，弹出"对象源"对话框，如图 4-27 所示。

图 4-27   "对象源"对话框

(2) 在"对象源"对话框中，单击"选择对象"选项后面的对象命令(⊕)，在图形窗口中单击立方体模型选中该对象，然后设置复发事件参数，其中触发可以选择基于时间(根据设定的时间间隔来复制对象)或每次激活时一次(对象源的属性"active"每变成"true"一次就复制一次对象)选项，此处选择基于时间选项，设置时间间隔 5 s，设置开始偏置为 0，并为对象源重新起名或采取默认命名 ObjectSource(1)，最后单击"确定"按钮，就把该立方体对象变成"对象源"，并出现在资源条中的机电导航器里面"基本机电对象"文件夹中。

(3) 单击"播放"仿真命令，就会发现 RB(3)立方体在重力作用下垂直下落到 TS(1)上并沿 X 轴正方向移动时，每隔 5 s 就会复制一个立方体出来，如图 4-28 所示。

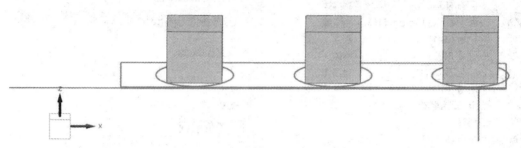

图 4-28　对象源复制效果

7. 对象收集器创建

对象收集器是指当对象源生成的对象接触到指定的碰撞传感器时，从当前场景中消除这个对象。对象收集器和对象源配合使用，当对象源生成的对象与对象收集器发生碰撞时，消除这个对象，对象源需要和碰撞传感器配合使用，且碰撞传感器的类别设置与对象源所复制对象的类别设置相互作用。

对象收集器创建过程如下：

(1) 首先将碰撞体 Floor 用 "碰撞传感器"命令创建成碰撞传感器 CollisionSensor(1)，具体操作在过程(3)讲解。

(2) 单击"主页"选项卡机械工具栏区域的"对象收集器"命令或右键单击资源条中的机电导航器里面"基本机电对象"，弹出"创建机电对象"下拉菜单，单击"对象收集器"命令，弹出"对象收集器"对话框，如图 4-29 所示。

(3) 单击"选择碰撞传感器"后面的碰撞传感器(⬡)，选择过程(1)中 CollisionSensor(1)，收集源可以选择默认的"任意"选项，也可以选择"仅选定的"选项，此选项需要指定需要收集的对象，这里选择"任意"选项，此外名称可以采取默认也可以重新更改，这里也选择默认的 ObjectSink(1)，然后单击"确定"按钮，就把 CollisionSensor(1)变成"对象收集器"并出现在资源条中的机电导航器里面"基本机电对象"文件夹中。

(4) 把传输面 TS(1)移动方向改成 X 轴反方向，把对象源 ObjectSource(1)时间间隔改成 3 s，单击"播放"仿真命令，就会发现对象源 RB(3)复制的立方体在重力作用下垂直下落到 TS(1)上并沿 X 轴反方向移动时，从 CB(2)上跌落，掉到 CollisionSensor(1)上就会消失，如图 4-30 所示。

图 4-29 "对象收集器"对话框

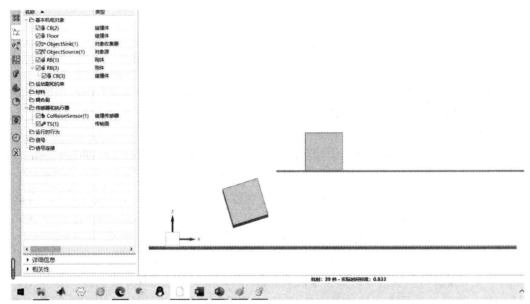

图 4-30 对象收集器仿真效果

4.3.2 常用运动副

运动副用来定义对象的运动方式，主要包括铰链副、固定副、滑动副、柱面副、球副和螺旋副等，这里只介绍铰链副、固定副、滑动副和柱面副的创建，其他运动副创建方法与这几个类似。

1. 铰链副和固定副创建

铰链副是由两个构件构成，并允许两者之间做相对运动的机械装置，且组成铰链副的两个构件只能绕某一轴线作相对转动的运动副，也就是具有一个旋转自由度。在实际使用中，铰链副的其中一个构件常是固定不动的，因此就需要固定副使其保持不动。

铰链副和固定副的创建过程如下：

(1) 利用建模创建两个刚体构件 RB(1)和 RB(2)，刚体构件上面都有一个直径为 30 mm的孔，且孔的中心线重合，如图 4-31 所示。

(2) 单击"主页"选项卡机械工具栏区域的"铰链副"命令或右键单击资源条中的机电导航器里面"运动副和约束"，弹出"创建机电对象"下拉菜单，单击"铰链副"命令，弹出"铰链副"对话框，如图 4-32 所示。

图 4-31 铰链副构建建模　　　　　图 4-32 "铰链副"对话框

(3) 首先在刚体设置项中单击"选择连接件"后面的对象命令(⊕)，选择 RB(2)做连接件，单击"选择基本件"后面的对象命令(⊕)，选择 RB(1)做基本件，然后在轴和角度设置项中单击"指定轴矢量"后面的矢量对话框命令(⊡)，选择 ZC 轴作为矢量方向，再单击"指定锚点"后面点对话框命令(⊡)，选择孔的中心作为锚点，这两项用来设置相对运动的旋转自由度，起始角、限制和名称这里采用默认值，如果需要也可以重新更改，然后单击"确定"按钮，就把两个刚体构件 RB(1)和 RB(2)创建成"铰链副"并出现在资源条中的机电导航器里面"运动副和约束"文件夹中。

(4) 单击"主页"选项卡机械工具栏区域的"固定副"命令或右键单击资源条中的机电导航器里面"运动副和约束"，弹出"创建机电对象"下拉菜单，单击"固定副"命令，弹出"固定副"对话框，如图 4-33 所示。在刚体设置项中单击"选择连接件"后面的对象命令(✛)，选择 RB(1)做连接件，此处"选择基本件"可以不设置，再单击"确定"按钮，就把刚体构件 RB(1)创建成"固定副"并出现在资源条中的机电导航器里面"运动副和约束"文件夹中。

(5) 如果想要在仿真过程中看到铰链副的相对运动，可以右键单击资源条中的机电导航器里面"传感器和执行器"，弹出"创建机电对象"下拉菜单，单击"速度控制"命令，弹出"速度控制"对话框，如图 4-34 所示，单击"选择对象"后面的对象命令(✛)，选择铰链副作为对象，然后把约束中速度设定 100(°)/s，保持默认名称 RB(2)_RB(1)_HJ(1)_SC(1)，再单击"确定"按钮，就对铰链副设定速度控制，并出现在资源条中的机电导航器里面"传感器和执行器"文件夹中。

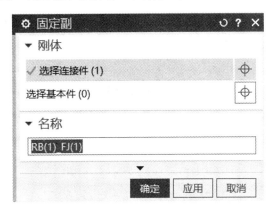

图 4-33　"固定副"对话框　　　　图 4-34　"速度控制"对话框

(6) 单击"播放"仿真命令，就会发现刚体 RB(2)相对于固定副刚体 RB(1)围绕孔中心线进行相对运动，如图 4-35 所示。

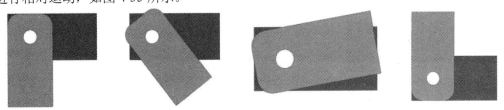

图 4-35　铰链副和固定副仿真

2. 滑动副创建

滑动副是指组成运动副的两个构件之间只能按照某一方向作相对移动，且只具有一个平移自由度。

滑动副的创建过程如下：

(1) 单击"主页"选项卡机械工具栏区域的"滑动副"命令或右键单击资源条中的机电导航器里面"运动副和约束"，弹出"创建机电对象"下拉菜单，单击"滑动副"命令，弹出"滑动副"对话框，如图 4-36 所示。在刚体设置项中单击"选择连接件"后面的对象命令(⊕)，把图 4-31 中 RB(2)选择做连接件，单击"选择基本件"后面的对象命令(⊕)，选择 RB(1)做基本件，然后在轴和偏置设置项中单击"指定轴矢量"后面的矢量对话框命令(⊞)，选择 YC 轴作为矢量方向，并保持默认名称 RB(2)_RB(1)_SJ(1)，再单击"确定"按钮，就把刚体 RB(1)和 RB(2)创建成"滑动副"并出现在资源条中的机电导航器里面"运动副和约束"文件夹中。

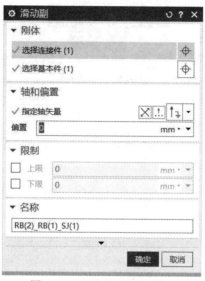

图 4-36 "滑动副"对话框

(2) 如果想要在仿真过程中看到滑动副的相对运动，单击"主页"选项卡机械工具栏区域的"速度控制"命令，弹出"速度控制"对话框，如图 4-37 所示，单击"选择对象"后面的对象命令(⊕)，选择滑动副作为对象，把轴类型选择线性，然后把约束中速度设定 20mm/s，保持默认名称 RB(2)_RB(1)_SJ(1)_SC(1)，再单击"确定"按钮，就对滑动副设定速度控制，并出现在资源条中的机电导航器里面"传感器和执行器"文件夹中。

图 4-37 "速度控制"对话框

(3) 单击"播放"仿真命令，就会发现刚体 RB(2)相对于固定副刚体 RB(1)沿 YC 轴方向进行滑动，如图 4-38 所示。

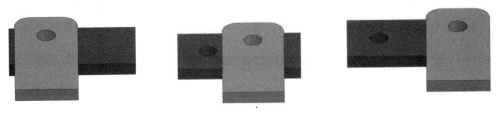

图 4-38　滑动副仿真

3. 柱面副创建

柱面副是指在两个刚体之间做沿轴线平移或沿轴线旋转相对运动的运动副。其具有两个自由度，两个刚体可以沿轴线旋转和平移。

柱面副创建过程如下：

(1) 在图 4-31 中通过建模命令，在刚体 RB(1)的孔中创建一个直径为 28 mm，长为 100 mm 的圆柱体，使其中心线与孔中心线完全重合，如图 4-39 所示，并把圆柱体创建为刚体和碰撞体。

图 4-39　圆柱体建模

(2) 单击"主页"选项卡机械工具栏区域的"柱面副"命令或右键单击资源条中的机电导航器里面"运动副和约束"，弹出"创建机电对象"下拉菜单，单击"柱面副"命令，弹出"柱面副"对话框，如图 4-40 所示。在刚体设置项中单击"选择连接件"后面的对象命令(⊕)，选择 RB(3)做连接件，单击"选择基本件"后面的对象命令(⊕)，选择 RB(1)做基本件，然后在参数设置项中单击"指定轴矢量"后面的矢量对话框命令(⊞)，选择 ZC 轴作为矢量方向，单击"指定锚点"后面点对话框命令(⊞)，选择轴的中心作为锚点，限制设置和名称 RB(3)_RB(1)_CJ(1)保持默认，再单击"确定"按钮，就把刚体 RB(1)和 RB(3)创建成"柱面副"并出现在资源条中的机电导航器里面"运动副和约束"文件夹中。

(3) 如果想要在仿真过程中看到柱面副的相对运动，单击"主页"选项卡机械工具栏区域的"速度控制"命令，弹出"速度控制"对话框，如图 4-41 所示，单击"选择对象"后面的对象命令(⊕)，点击柱面副作为对象，轴类型选择角度，然后把约束中速度设定 20(°)/s，保持默认名称 RB(3)_RB(1)_CJ(1)_SC(1)，再单击"确定"按钮，就对柱面副设定速度控制，并出现在资源条中的机电导航器里面"传感器和执行器"文件夹中。

图 4-40 "柱面副"对话框

图 4-41 "速度控制"对话框

(4) 单击"播放"仿真命令,就会发现圆柱体 RB(3)相对于固定副刚体 RB(1)沿轴线进行旋转运动,如图 4-42 所示。

图 4-42　柱面副仿真

4.3.3　常用耦合副

耦合副是指具有运动传动关系的运动副，主要包括齿轮副、机械凸轮和电子凸轮等，这里只介绍齿轮副。

齿轮副是指两个相互啮合的齿轮组成的传动机构，能以固定的传动比来传递运动。

齿轮副创建过程如下：

(1) 首先在 NX 平台通过"新建"命令进入建模界面，在里面创建两个相互啮合的齿轮，然后在 MCD 中把所创建的两个啮合齿轮导入到 MCD 文件中，如图 4-43 所示，并把两个齿轮创建为刚体。

图 4-43　齿轮副创建模型

(2) 把小齿轮 RB(1)以其中心线创建成铰链副 RB(1)_HJ(1)，把大齿轮 RB(2)以其中心线创建成铰链副 RB(2)_HJ(2)，并为小齿轮创建速度控制，设定转动速度为 50°/s。

(3) 右键单击资源条中的机电导航器里面"耦合副"，弹出"创建机电对象"下拉菜单，单击"齿轮"命令，弹出"齿轮"对话框，如图 4-44 所示。在刚体设置项中单击"选择主对象"后面的对象命令(⊕)，选择小齿轮 RB(1)做主动轮，单击"选择从对象"后面的对象命令(⊕)，选择大齿轮 RB(2)做从动轮，然后在约束设置项中把"主倍数"设置为 3，"从倍数"设置为 1，保持默认名称 Gear(1)，再单击"确定"按钮，就把小齿轮 RB(1)和大齿轮 RB(2)创建成"齿轮副"并出现在资源条中的机电导航器里面"耦合副"文件夹中。

图 4-44 "齿轮"对话框

(4) 在小齿轮上创建一个固定副(小方块),单击"播放"仿真命令,就会发现小齿轮转动时,带动大齿轮进行转动,如图 4-45 所示。

图 4-45 齿轮运动副创建

4.3.4 常用传感器

传感器是用来检测信号的装置,在 MCD 仿真过程中用到的传感器主要包括碰撞、距离、位置、速度、加速度和通用等传感器以及限位开关、继电器,这里主要介绍碰撞传感器和距离传感器,其他创建方法类似。

1. 碰撞传感器创建

碰撞传感器是指当碰撞发生时被激活输出的机电特征对象,主要的两个属性是 triggered 和 active。其中:triggered 表示事件的触发状态,true 时表示发生碰撞,false 时表示没有发生碰撞;active 表示对象是否被激活,true 时表示已经激活,false 时表示未被激活。

碰撞传感器的创建过程如下:

(1) 单击"主页"选项卡电气工具栏区域的"碰撞传感器"命令或右键单击资源条中的机电导航器里面"传感器和执行器",弹出"创建机电对象"下拉菜单,单击"碰撞传感器"命令,弹出"碰撞传感器"对话框,如图 4-46 所示。类型可以选择触发或切换,这里选择触发,单击选择对象后面的对象命令(⊕),选择 Floor 作为碰撞对象,在碰撞形状设置可选择方块、球、直线和圆柱等,这里选择方块,形状属性可选择自动或用户定义,用户定义需要设置指定点和指定坐标系以及长宽高等尺寸,这里采取用户定义,检测类型可选择系统、用户和两者,这里采取默认的系统,名称也采取默认的 CollisionSensor(1),最后单击"确定"按钮,就把 Floor 创建成"碰撞传感器"并出现在资源条中的机电导航器里面"传感器和执行器"文件夹中。

(2) 具体仿真效果,参照图 4-30 所示。

图 4-46　"碰撞传感器"对话框

2. 距离传感器创建

距离传感器是用来检测物体与传感器之间距离的传感器,以图 4-28 对象源复制效果图中对象为例来介绍距离传感器的创建。

距离传感器创建过程如下:

(1) 首先在传送带右侧上方 200 mm 处的位置创建一个圆锥体,设置其为刚体 RB(2),避免仿真过程中刚体自由下落,把圆锥体刚体创建为固定副 RB(2)_FJ(1),如图 4-47 所示。

图 4-47　圆锥体创建

(2) 单击"主页"选项卡电气工具栏区域的"距离传感器"命令或右键单击资源条中的机电导航器里面"传感器和执行器",弹出"创建机电对象"下拉菜单,单击"距离传感器"命令,弹出"距离传感器"对话框,如图 4-48 所示,单击选择对象后面的对象命令(⊕),选择圆锥体作为对象,在形状设置项中单击 "指定点"后面点对话框命令(⊡),选择圆锥下面的圆心中心作为中心点,再单击"指定矢量"后面的矢量对话框命令(⬚),选择 –Z 轴作为矢量方向,开口角度设定 30°,测量范围设定 180 mm,勾选"仿真过程中显示距离传感器",保持名称 DistanceSensor(1) 和其他默认设置,最后单击"确定"按钮,就把圆锥体创建成"距离传感器"并出现在资源条中的机电导航器里面"传感器和执行器"文件夹中。

图 4-48　"距离传感器"对话框

(3) 单击"播放"仿真命令,就会发现当绿色方块移到距离传感器下方被检测到时,距离传感器的值会发生变化,这个可以在察看器查看,但是该值的变化比较快,可以以图的方式查看值的变化,如图 4-49 所示。

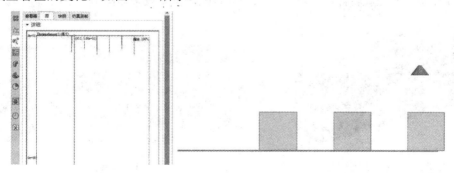

图 4-49　距离传感器仿真

4.4　简易生产线的设计与仿真

本节主要介绍简易生产线的设计与仿真过程。生产线模型如图 4-50 所示，主要包含 1 个物料源、2 个工作台、1 个推杆机械臂和 1 个物料箱等。

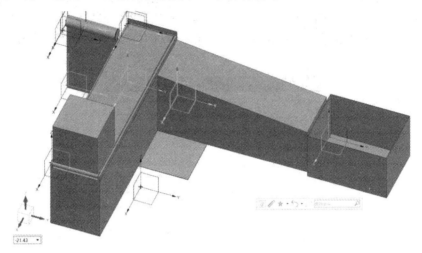

图 4-50　简易生产线模型

4.4.1　生产线各部件模型设计

1. 工作台 1 建模

首先用"块"命令创建一个 2000 mm×500 mm×830 mm 尺寸的工作台 1 底座并设定为"刚体"，如图 4-50 所示。然后用"圆柱"命令创建两个直径为 60 mm，长为 460 mm 的旋转体模型并设定为"碰撞体"，如图 4-51 所示。接着再用"块"命令创建一个 2000 mm ×20 mm×50 mm 尺寸的固定板模型，单击"装配"工具栏下添加组件，弹出"添加组件"对话框，如图 4-52 所示，单击选择部件下面的"打开"命令，选择固定板模型，确定其与底座坐标的关系，单击"确定"之后，就可以把固定板与底座进行装配并装配到旋转体两边，装配效果如图 4-53 所示。最后用"块"命令创建一个 1940 mm×460 mm×2 mm 尺寸的传输面模型，并与旋转体确定坐标关系进行装配，装配效果如图 4-54 所示。

图 4-50　工作台 1 底座建模

图 4-51　旋转体模型

图 4-52 "添加组件"对话框

图 4-53 固定板与底座装配效果

图 4-54 传输面与底座装配效果

2. 推杆机械臂建模

首先用"块"命令创建一个 30 mm×505 mm×700 mm 尺寸的薄板模型,再用"圆柱"命令创建 1 个直径为 110 mm,长为 500 mm 的圆柱体模型,并用"孔"命令在圆柱体中心挖一个直径为 80 mm 的通孔,确定好坐标关系之后,用"合并"命令将薄板和圆柱体合为一体作为推杆机械臂支座使用,如图 4-55 所示。然后用"圆柱"命令分别创建 1 个直径为 79 mm,长为 500 mm 的圆柱体和 1 个直径为 110 mm,高为 4 mm 的圆饼,确定好坐标关系之后,用"合并"命令将圆柱体和圆饼合为一体作为推杆使用,如图 4-56 所示。最后使用"装配"工具栏下"添加组件"命令,将推杆装配到推杆机械臂支座并设定成"滑动副",

再将推杆机械臂装配到工作台 1 上，装配效果如图 4-57 所示。

图 4-55　推杆机械臂支座

图 4-56　推杆

图 4-57　推杆机械臂装配效果图

3. 工作台 2 建模

　　首先用"块"命令创建一个 500 mm×1500 mm×700 mm 尺寸的长方体模型，并用"倒斜角"创建一个斜面，使一边比另一边低 200 mm，如图 4-58 所示。然后将斜面设置成"碰撞体"并确定好与工作台 1 的坐标关系，放置工作台 2。最后将斜面创建成"传输面"，使其沿着斜面矢量向下移动，如图 4-59 所示。

图 4-58　工作台 2 模型

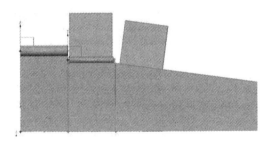

图 4-59　工作台 2 传输面创建

4. 物料箱建模

　　首先用"块"命令创建一个 600 mm×800 mm×500 mm 尺寸的长方体模型，接着用"抽壳"命令，把长方体挖成壁厚为 5 mm 上方开口的物料箱，如图 4-60 所示。然后确定好坐标关系将物料箱放到工作台 2 的下边，用来接工作台 2 掉落的物料，如图 4-61 所示。最后将物料箱内面创建成"碰撞体"。

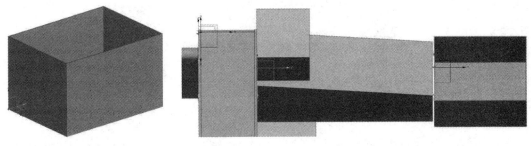

図 4-60　物料箱模型　　　　　　　　　图 4-61　物料箱放置

4.4.2　气缸与气动控制阀创建

单击"电气"工具栏中"位置控制"下单菜单中"气缸"命令，弹出"气缸"对话框，如图 4-62 所示，选择推杆柱面副为选择对象，参数按照推杆尺寸设置，具体如图所示，单击"确定"，即可创建气缸。接着单击"气动阀"命令，弹出"气动阀"对话框，如图 4-63 所示。选择刚才创建的气缸作为对象，设置阀类型为二位四通，供给压力、公称压力、公称流量按照实验仿真来设置，并设置控制输入为–1(1 为打开阀门，推出活塞杆，–1 为关闭阀门，收回活塞杆)，其余参数可保持不变，单击"确定"，即可创建气动阀，并在机电导航器中右击所创建气动阀，单击"添加到察看器"命令，将其添加到察看器中。

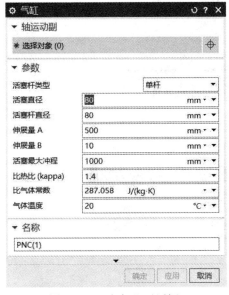

图 4-62　"气缸"对话框

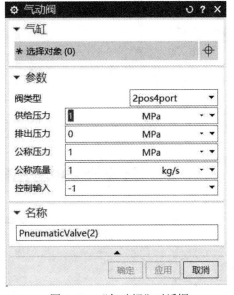

图 4-63　"气动阀"对话框

4.4.3　简易生产线仿真

简易生产线仿真过程如下：

(1) 单击"播放"仿真命令，工作台 1 传输面右端的物件就开始向左边移动，设定速度为 100 mm/s，当移动到最左端时，碰撞到左边的挡板就停止移动，整个过程如图 4-64 所示。

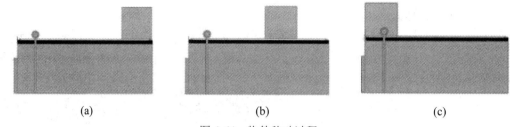

(a)　　　　　　　　　　　(b)　　　　　　　　　　　(c)

图 4-64　物件移动过程

(2) 点开资源条中运行时察看器，如图 4-65 所示，输入控制项的值−1 改成 1，就看到推杆向外伸出，并把物件推到工作台 2 的传输面上，如图 4-66 所示，接着物件在传输面 2 上传送，如图 4-67 所示，最后掉进物料框，如图 4-68 所示。

(3) 单击"停止"仿真命令，结束仿真过程。

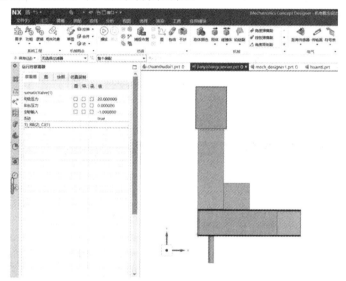

图 4-65　运行时察看器

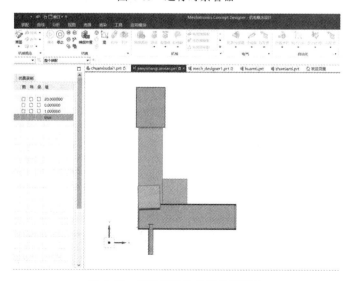

图 4-66　推杆推动物件到传输面 2

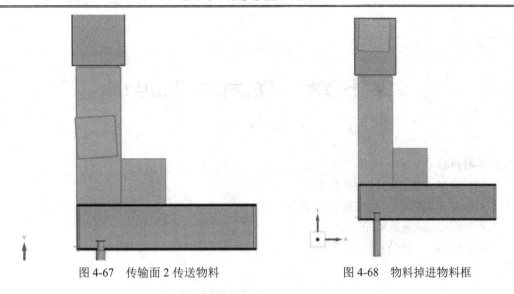

图 4-67　传输面 2 传送物料　　　　　　　图 4-68　物料掉进物料框

本 章 习 题

1. 什么是数字孪生?

2. 数字孪生有哪些特点?

3. 简述 MCD 设计的工作流程。

4. 简述 MCD 的作用。

5. 用 MCD 设计一个 6 轴工业机器人并进行仿真(提示:仿照 6 轴机器人建模,用转动副和限位开关限定转到范围进行仿真)。

6. 用 MCD 设计一个简易加工中心并进行仿真(提示:建 1 个简易 3 轴加工中心的各零件模型并装配,用轨迹生成器产生连续动作模拟加工过程)。

7. 用 MCD 设计一个简易柔性生产线并进行仿真(把第 5 题和 6 题设计的机器人和简易加工中心设计成一个简易柔性生产线,实现 1 个零件的加工生产过程)。

第 5 章　逆向工程实训

学习目标:

- 了解逆向工程的概念和应用;
- 掌握逆向建模的扫描数据的获取;
- 掌握 Geomagic Studio 软件建模;
- 了解零件模型的误差处理。

5.1　逆向工程概述

5.1.1　逆向工程的基本概念

为了有效地缩短产品开发周期,节约成本,并将实际物体转换为几何模型,人们开始研究新的产品开发方案。在现代设计制造技术的进步及经济的快速发展下,逆向工程这个概念应运而生。逆向工程技术广泛应用于汽车、模具、雕刻等行业。逆向工程(又称逆向技术)是再现一种产品设计技术的过程,即对目标产品进行逆向研究和处理,从而演绎并得出该产品的处理流程、组织结构、功能特性及技术规格等设计要素,用来制造出性能相近但又不完全一样的产品。近几年,在我国工业发达地区,如广东、浙江、重庆等地,各类关于逆向设计的企业如雨后春笋般涌现出来。

逆向工程也称反向工程,是将已有的产品进行三维数据模拟化,根据实际需求进行改造再加工的过程。在科技高速发展的今天,逆向工程技术作为实现科技创新的重要手段之一,更好地促进了产品设计的个性化与高速发展。创新设计可以分为原创型设计与基于原创的创新设计,这两种方法缺一不可且相互补充。在信息化制造中,创新设计就体现为逆向工程。

计算机技术在软件开发领域的发展非常迅速,利用软件可以获得数据结构信息,而系统结构和程序设计就是开发逆向工程软件主要关注的目标。逆向工程技术是为了更好的学习与研究,尤其是当没有细致、充足的模型资料时,就需要逆向工程软件将现有实物模型复现的功能,所以这就是为什么逆向软件占据着逆向工程的核心地位。

5.1.2　逆向工程的基本流程

逆向工程是一个从"有"到"无",再通过改造到"有"的过程,其基本流程如图 5-1 所示。

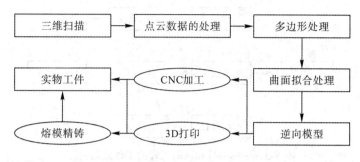

图 5-1　逆向工程基本流程图

1. 三维扫描

因为逆向工程是反求工程，所以需要先有实际的产品，再通过扫描仪、三坐标测量机等技术手段将现有产品的外形数据进行获取。在扫描的过程中，有时因某个形状过于特殊，不能一次性扫描出所有数据，这时就需要通过调整扫描位置与角度来多方位扫描，这样会得到很多点云数据。

2. 点云数据的处理

在扫描过程中，因受到环境影响，故测量结果中会出现偏差、噪声等问题，利用软件对点云数据进行处理，可去除误差点，确保结果的准确。在进行多片点云数据处理时，因模型细节特征较多，故还需要进行手动注册，将多片点云数据对齐。

3. 多边形处理

处理过的点云数据可以根据获得的封装文件进行多边形处理(也叫三角面片处理)，使模型数据表面更加趋于光滑和完整。同时可以建立模型的辅助特征，将数据模型与世界坐标系对齐，且对模型的底面进行可选择性修改。改造过程就是在该过程中实现的。

4. 曲面拟合处理

曲面拟合处理是对表面处理完的模型进行重新划分轮廓和网格，对模型的表面进行栅格化处理，使模型网格更加精细准确，最后通过曲面拟合，将实体模型构建出来并导出通用模型格式。至此，逆向建模的过程就基本完成了。

5. 生产与使用

模型建立完成后，就可以通过 CNC 加工、3D 打印和熔模精铸等加工制造技术手段将建立的模型进行生产了。

5.1.3　逆向工程与正向工程的区别

如图 5-2 所示，逆向工程要求先拥有样品，再获取和处理样品的数据，使模型重建；而正向工程就是通过正向的产品设计，进行 CAD(计算机辅助设计)建模而生成模型。两者最大的区别就是三维数字化模型的来源不同，建立过程有着较大的区别。在拥有了三维数字化模型后，两者的 CAM(计算机辅助制造)工艺流程都是相同的。可以说，正向工程与逆向工程的最后都是为了生产制造产品，只是可以根据不同的情况选择合适且高效的方法建立模型。因此，逆向工程与正向设计是一种相互依存、缺一不可的关系。

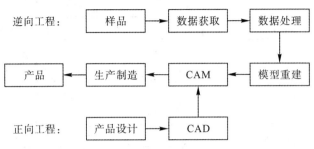

图 5-2   正向工程和逆向工程的工作流程简图

在制造业高速发展的今天，任何一个产品的产生都离不开对同类型产品的借鉴与参考。逆向工程就是借鉴和吸收了同类型产品的优点，再结合国内外先进的技术，在原本的产品上做出突破，以实现产品的创新。需要注意的是，很多人对逆向工程技术有着一定的误解，认为逆向工程无非就是抄袭和剽窃，逆向工程仿佛成了简单复制的代名词，但事实是，逆向工程所追求的是通过再创造和再提高，实现创新设计。

逆向工程的出现对制造业有着很大的帮助。首先，可以缩短新产品的开发周期，提高企业的市场竞争力，节约了很多不必要的资金投入，将相对充足的资金投入到研发中，从而更好地满足企业生产发展与产品开发的需求；其次，可以提升产品开发过程中的方向选择与技术难题，在仿真与模拟过程中可以发现其中的问题，重点攻克个别难题；最后，为设计提供了思路和优化方案，从而形成了一个闭环系统，极大地缩短了研发时间。

5.1.4   逆向工程的应用

当前，逆向工程已成为 CAD/CAM 领域的研究热点之一。它在很多领域都有着重要的应用，在制造业领域内也有着广泛的应用。下列情形需要应用到逆向工程技术。

1. 新工件的设计

在工业设计领域中，有些复杂产品要用一个确定的设计概念来表达很困难，为获得更优化的设计，设计师们通过创建一个基本的物理模型，来进行分析或改进部件的设计，然后用逆向方法构造出三维模型，在该模型的基础上做进一步的修改，实现产品的改型或仿形设计。

2. 现有工件的复制

在没有设计图纸或者设计参数的情况下，三维扫描可以将实物工件转化为数字化模型，从而通过逆向工程方法对工件外形进行复制，以再现原产品或工件的设计图，并可进行产品的再创新设计。

3. 损坏或磨损零件的还原

当零件损坏或磨损时，可以通过三维扫描的方法，重构该零件的数字模型，对损坏的零件表面进行还原或修补，并生产这些零部件的替代零件，从而提高设备的利用率并延长其使用寿命。

4. 数字化模型的检测

对加工后的工件进行三维扫描测量，通过将该扫描加工数据与原始设计的三维模型在计算机上进行数据比较，可以检测制造误差，提高检测精度。

5. 特殊领域产品的复制

如艺术品、考古文物的复制，医学领域中人体骨骼、关节等的复制，具有个人特征的运动鞋、牙齿、假肢的制造时需要原始的三维数据，这些情况下都必须从实物模型出发得到产品的数字化模型。

随着国内外逆向工程技术的高速发展以及广泛应用，逆向工程在新产品的开发中起到了关键性的作用。

5.1.5　逆向工程软件

目前在国际市场上出现了多个与逆向工程相关的软件系统，主要有 SDRC 公司的 Imageware Surfacer、Raindrop Geomagic 公司的 Geomagic、英国 DelCAM 公司的 CopyCAD、英国 MDTV 公司的 STRIM and Surface Reconstruction、英国 Renishaw 公司的 TRACE。在一些流行的 CAD/CAM 集成系统中也开始集成了类似模块，如 Unigrahics 中的 Form Feature 和 Point Cloud 功能模块，Pro/Engineering 中的 Pro/SCANTOOLS 功能模块，Cimatron9.0 中的 Reverse Engineering 功能模块等。

逆向工程常用软件有下面几个。

1. Geomagic studio(点云处理)

Geomagic studio 是美国 Raindrop Geomagic 软件公司推出的逆向工程软件，利用 Geomagic studio 可轻易从扫描所得的点云数据创建出完美的多边形模型和网格，并可自动转换成 NURBS 曲面。该软件主要包括 Capture、Wrap、Shape 和 Fashion 四个通用模块。

2. UG(实体构造)

UG(Unigraphics NX)是 Siemens PLM Software 公司出品的一个交互式 CAD/CAM(计算机辅助设计与计算机辅助制造)系统，它功能强大，可以轻松实现各种复杂实体建构、曲面造型、动画仿真、数控编程。

3. Geomagic qualify(质量分析)

Geomagic qualify 是 Geomagic 公司出品的一款逆向校核软件，使用 Geomagic qualify 可以实现迅速检测产品的计算机辅助设计(CAD)模型和产品的制造件的差异。

5.2　逆向建模方案数据的获取

5.2.1　零件扫描前的准备工作

逆向工程的应用同时也离不开三维扫描仪的使用。而三维扫描仪作为逆向工程技术中数据获取的重要工具，与逆向软件同样拥有至关重要的因素。

使用同样一款三维扫描仪扫描同一物体时，由于操作环境和操作人员的不同，得到的数据也大不相同，其根本原因在于实验人员所掌握的操作技巧有高低之分。掌握三维扫描技术不难,但如果想要得到较为精密的数据仍需不断努力学习。在综合了多种测量方法后,本实训中选择非接触式的光学三维扫描仪,实现高效、便捷、全方位以及高精度的数据测量。

在所有扫描开始之前,都要对选用的零件的表面颜色与材料进行分析和处理。在数据扫描过程中,三维扫描仪接收反射光的敏感程度较高。当扫描件表面为黑色时,因黑色会吸收光线,故采集不到数据;当为金属构件时,因经过机加工其表面具有金属光泽,会对探测的光线进行反射,故也拾取不到数据。也可能出现表面反射光严重、透明程度较高等情况,这时均需要在表面喷涂一定量的显像剂。所以扫描零件的表面预处理会直接影响三维扫描仪的图像采集。为保证采集数据的精确性,一定要对模型表面进行预处理。同时还需要在工件表面粘贴标记点,使扫描的数据更加完整准确。

1. 零件建模预处理

在零件进行三维激光扫描前,要对扫描零件进行一系列预处理来保证扫描的顺利完成。如图 5-3 所示,零件尺寸为 147 mm×98 mm×35 mm,材质为铝合金。在测量前要清理零件表面的灰尘和油渍,并擦拭干净,保持扫描对象表面干燥和整洁。接着对表面喷涂显像剂。显像剂如图 5-4 所示。要均匀地将显像剂喷涂在扫描件表面,并静置一段时间,等表面变干后才可扫描。

图 5-3　盘类零件图

图 5-4　显像剂

2. 粘贴定位标点

图 5-5 所示为扫描仪定位标点。将高反光的定位标点粘贴在扫描对象的表面。粘贴的准则如下:

(1) 原则上定位标点的粘贴距离在 20~100 mm 的范围内,超出这个范围测量数据就会出错。

(2) 对于较为复杂的零件表面,定位标点的作用更为突出,需要多贴;而对于较为简单的零件,可以相对少贴一些;对于本次实验的零件来说,较为复杂的地方需要多贴,曲率较大的表面也需要多贴,平面可以相对少贴一些。

(3) 定位标点不能对称贴或者分布过于密集,应该不均匀地分布且边缘距离大于 12 mm,

如图 5-6 所示。

（4）定位标点不能掩盖被扫描零件的特征。

（5）当零件较为复杂时，标点可能无法贴到指定位置，此时可以在周围贴上一些标点，利用逼近的方法测量，并保持扫描规程中扫描对象的相对位置不变。

图 5-5　定位标点

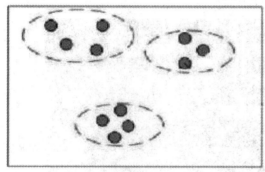

（a）定位标点分布密集

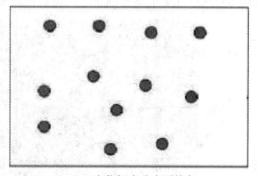

（b）定位标点分布不均匀

图 5-6　定位标点分布

3. 零件的外形结构分析

如图 5-7 所示，此零件是一个具有代表性的逆向扫描零件，既不会过于简单，也不会烦琐到三维扫描仪无法完成。本次实训采用天远 400 四目扫描仪进行扫描，以获得此零件的三维点云数据，得到其数字化模型。

图 5-7　喷涂后的零件图

此零件具有以下特点：

(1) 零件表面结构复杂，具有孔洞、六边形、齿轮形的外观，因此在扫描时需要多次扫描，以保证得到的点云数据完整。

(2) 此零件是由金属制成的，表面具有金属光泽，在扫描时容易反光，从而使得点云数据丢失，但相对容易贴定位点。

(3) 零件尺寸适中，有利于快速采集信息。

(4) 零件为一个整体，不需要拆分，也不需要考虑装配约束的问题，降低了实际操作难度。

5.2.2　基于三维扫描仪的校正标定

固定式三坐标扫描仪的结构较为统一，不同厂商的扫描仪其结构大体相同。如图 5-8 所示，该扫描仪由一对可以调节焦距和曝光度的扫描镜头、光圈、光栅尺以及散热器等主要构件组成。在扫描零件之前，应该先对三维扫描仪进行校准，确保三维扫描仪能够正常使用，校准完成后就可以使用扫描仪扫描零件了。

图 5-8　扫描仪结构

1. 扫描仪校准

由于实验环境的温度、湿度等因素会影响测量结果，从而导致测量失败，因此为保证实验的顺利进行，采集到准确的点云数据，在项目开始前需要对扫描仪进行校准。校准的原则如下：

(1) 固定好扫描工作台的位置以及三维扫描仪的位置。

(2) 将标定板(如图 5-9 所示)放置在扫描工作台上，并保证标定板周围没有定位标点和其他反射物。

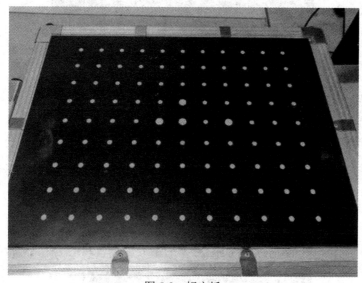

图 5-9　标定板

(3) 在校准的过程中要认真观察,如果检测到目标错误、损坏或放置错误,那么校准过程都有可能失败。

(4) 标定板要妥善保管,不能出现损坏或者划痕。

2. 扫描仪原理概述

三维扫描仪通过对物体空间外形和结构及色彩进行扫描,获得物体表面的空间坐标。它的重要意义在于能够将实物的立体信息转换为计算机能直接处理的数字信号,为实物数字化提供了方便快捷的手段。三维扫描的原理可以类比照相机拍照的原理,两者不同之处在于相机所抓取的是颜色信息,而三维扫描仪抓取的是位置信息。照相机的图片由很多像素点构成,扫描仪的点云由很多坐标点组成。

3. 扫描仪标定操作流程

本次扫描三维模型使用的天远三维扫描仪,其参数如表 5-1 所示。

表 5-1　扫描仪参数

产品型号	OKIO-5M			
	OKIO-5M-400	OKIO-5M-200	OKIO-5M-100	OKIO-5M-D
测量范围/mm×mm	400×300	200×150	100×75	定制
测量精度/mm	0.015	0.01	0.005	
平均点距/mm	0.16	0.08	0.04	
传感器/像素	5 000 000×2			
光源	蓝光(LED)			

(1) 根据实际尺寸以及模型表面精度需求,首先选用 OKIO-5M-200 的测量镜头,其测量精度达到 0.01 mm,然后对测量仪进行标定,如图 5-10 所示。

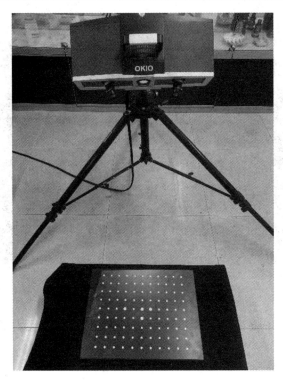

图 5-10　标定板标定

(2) 双击 3DScan 扫描软件，打开软件。根据软件提示，进行粗调节，如图 5-11 所示，选择正确的标定板设备型号，点击继续，如图 5-12 所示。

图 5-11　标定工具条

图 5-12　测量头设置

（3）调整扫描仪的镜头孔位置为中间两个机位，使标定块白面朝上，与测量头角度垂直，调节测量头高度为 670 mm，调节光圈镜头，使投影到白平面的十字线大致清晰，如图 5-13 所示。

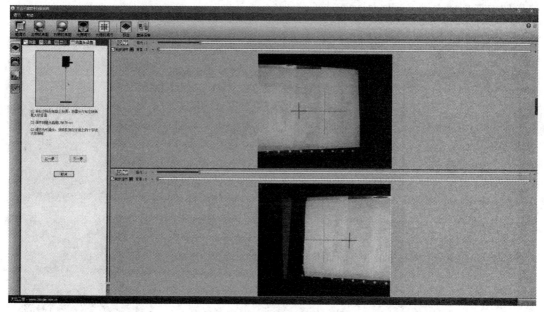

图 5-13　粗调节

（4）分别松开左右相机光圈和焦距锁紧螺丝，调整曝光度和焦距，使屏幕中相机采集的图像大致清晰，将螺丝锁紧；调节相机角度，使左右相机的十字线中心与光圈的十字线中心对齐；调节激光点，使激光点对齐到十字线中心，如图 5-14 所示。

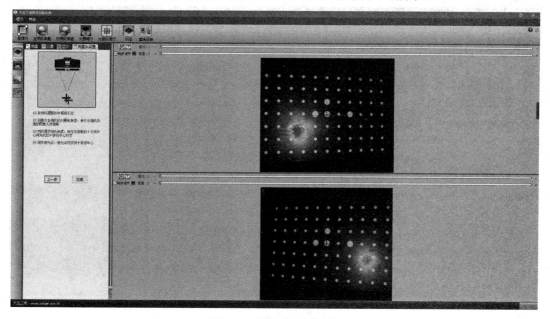

图 5-14　焦距与光圈调节

(5) 点击工具栏中的标定按钮，并在扫描台上放置与镜头孔位对应的 200 型标定板。如图 5-15 所示，将扫描仪的四个角度位置分别调制准确，出现四个绿色箭头即可。重复上述操作，共标定 7 个位置点全部为绿色，如图 5-16 所示。最后点击计算，出现标定成功对话框即表示标定完成，如图 5-17 所示。

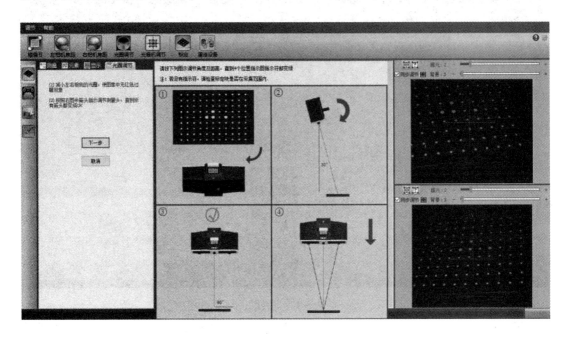

图 5-15　开始标定

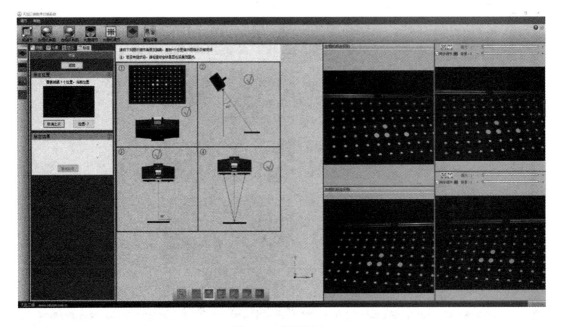

图 5-16　位置标定

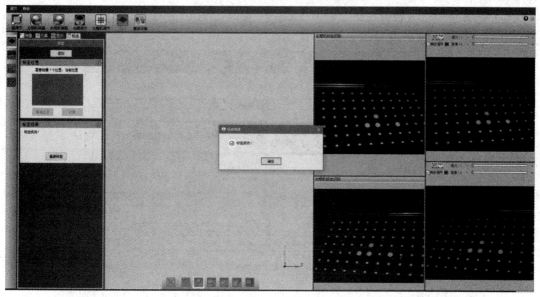

图 5-17 标定成功

(6) 标定成功后，就可以设置扫描的工程选项了。将标定板妥善放好，更换测量转盘，放入待扫描模型进行扫描。

5.2.3 点云数据采集

经过仪器的粗调和软件的标定后，就要进行样本零件的数据采集。数据采集时不能移动仪器和工作盘的位置，只能旋转零件托盘以达到扫描全局的效果。如图 5-18 所示，除了被扫描零件，其余任何物品不能出现在扫描区域，因本次零件表面较为复杂，所以扫描时要注意每次旋转角度的大小。每次旋转角度的大小尽量在 20°～30° 这个范围。

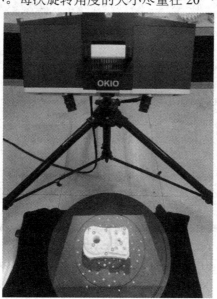

图 5-18 扫描仪准备开始扫描

(1) 模型摆好到合适的位置，点击新建工程 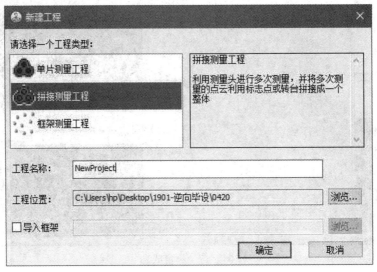，选择拼接测量工程，将工程位置放到所需文件夹位置并命名，如图 5-19 所示。

图 5-19　新建工程

(2) 观察模型的摆正位置是否正确，若无任何问题后，点击测量按钮，开始进行扫描，依次获取点云数据，第一次扫描点云如图 5-20 所示。进行第二次扫描，并点击拼接按钮，软件可以通过计算，将每一次的数据与前一次扫描的数据进行拼接拟合，如图 5-21 所示。经过多次扫描的数据点云拼接，最终就可以获取需要的完整数据。

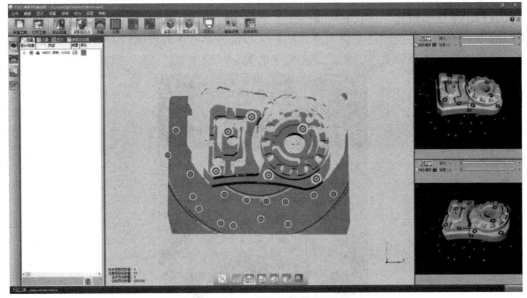

图 5-20　单次扫描数据

需要注意的是扫描过程中可能会出现一定的误差，因此转动幅度不能太大，一旦出现扫描误差时要立即删除重新测量。扫描后的点云数据要经过处理才能正常使用，经过一系列的操作后才能进行曲面拟合。在扫描时要注意，左侧有一栏显示"质量"，在扫描时如果旋转的幅度太大就使得质量那一栏出现红色的"×"，这种情况下需要立刻将这条新扫描的数据进行删除，并且缩小旋转的角度再次扫描，直到全部显示为"绿色的 √"为止。每一次测量完成并且质量没问题的情况下点击拼接，将所有扫描到的点云拼接为一个整体，同时显示出零件大概的轮廓。

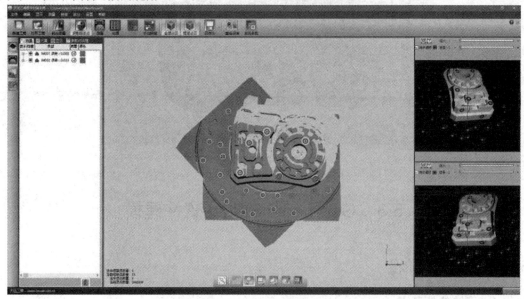

图 5-21　两次扫描数据

(3) 现在扫描出来的零件图十分的杂乱，底部还有大范围的杂点，这些杂点是由于零件放置在承托盘上的原因。在此基础上应该先将底盘上大范围的杂点删除，再进行细致的捕捉修复，如图 5-22 所示。

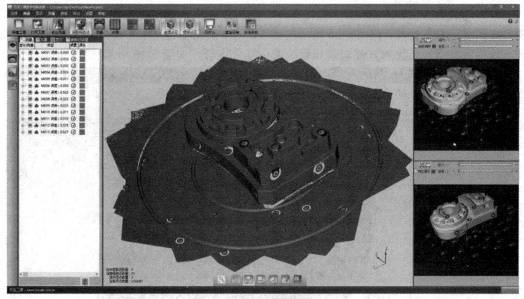

图 5-22　多次扫描数据合并

(4) 将零件周围大量的杂点删除后，零件本来的样子逐渐清晰，如图 5-23 所示。但是在扫描时由于技术和环境因素影响，在零件周围还是出现了一些较多杂点的地方，使得零件整体数据性有一定的干扰参数，接下来就需要在 Geomagic Studio 软件中对数据进行处理。

图 5-23　去除背景数据

5.3　Geomagic Studio 软件建模

5.3.1　点云处理阶段

1. 删除体外杂点

三维扫描仪在工作过程中，扫描仪有可能会扫描到零件工作台、地面等无关多余背景，扫描结束后，这些无关背景的点云数据并不能表达零件的数据模型，更可能影响实际零件数据模型，所以只有将这些点删除才能继续进行扫描过程。

将扫描点云模型导入软件中，如图 5-24 所示。原始点云数据均为黑色，难以观察修改，需要对其进行着色处理，如图 5-25 所示的点工具条，点击着色并选中原始点云，点击确定，就可以将原始点云转化为方便观察和修改的可视化点云，如图 5-26 所示。

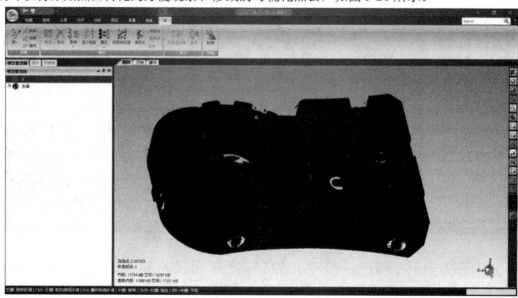

图 5-24　导入点云数据

图 5-25　点工具条

图 5-26　点云着色

　　Geomagic Studio 软件提供杂点删除选项，主要应用在画笔、套索和矩形工具。使用套索选定杂点后点击删除即可，需要注意的是一次性不可能全部选定删除，需要一点点的选择，不能破坏零件数据模型。点击选择，选择非连接项设置分隔为低，尺寸为 5.0，点击确定，非连接的杂点就会选中变红，将红色杂点删除，如图 5-27 所示。再选择体外孤点，敏感度设置为 95.0，点击确定同样会选择孤立的杂点为红色，删除红色杂点，如图 5-28 所示。

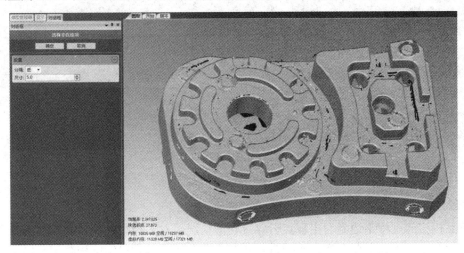

图 5-27　去除非连接项

图 5-28　去除体外孤点

2. 减小数据模型噪音点

处理完模型的大面积杂点后，Geomagic Studio 软件中的自动降噪功能，可以将点云数据更加精细化处理，点击选择减少噪音功能，设置参数为积极，平滑度水平迭代为 1，偏差限制在 8～10 之间任意数，预览点 3000 选择采样，点击应用。如图 5-29 所示，这是零件图降噪后的点云数据图。

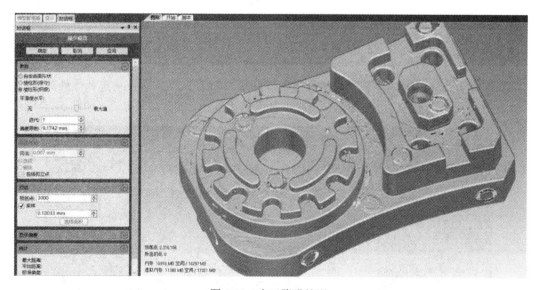

图 5-29　点云降噪处理

3. 封装处理

产品扫描的过程中边界会出现点云碎片化的情况，对于模型的拼接和曲面的光滑度有着较大的影响，因此需要对点云模型进行封装，在多边形选项中继续进行调节模型。在点工具条中点击封装，设置噪音的降低为自动，选中保持原始数据、删除小组件，高级选项中边缘(孔)最大数目为 25，如图 5-30 所示。封装后的数据如图 5-31 所示。

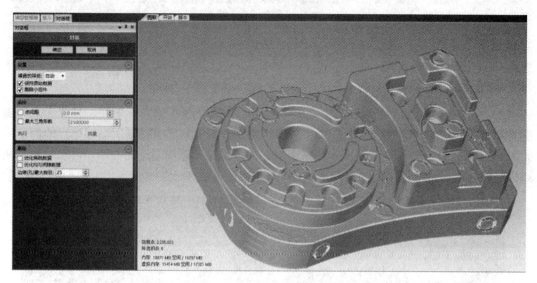

图 5-30　点云封装

图 5-31　封装后的数据

5.3.2　多边形处理阶段

封装后的数据模型是由很多小三角形曲面片组成的，因为三角形比较容易进行拼接和组合，所以精细化的三角形曲面片更容易精确地构成完整数字模型。但是三角形的构造方法也会出现一些问题，在三角形拼接边边角角时，会出现折射边、扭曲等一系列缺失和拟合问题，因此在拟合之前需要对三角形拼接成的曲面进行处理，使数字化模型的表面更加完整、光滑。具体的多边形修补工具如图 5-32 所示。

图 5-32　多边形工具条

(1) 模型在扫描时，因为表面所贴的标记点与物体表面不是同一平面，且荧光点外围黑圈是无法采集的，所以会出现空缺和凸起。使用套索工具选中扫描所贴标记点的部位，如图 5-33 所示，点击去除特征，就会将选中红部分通过计算周围平面曲率，自动填充空缺部位且将表面光滑处理，如图 5-34 所示。

图 5-33　去除特征

图 5-34　特征去除表面

(2) 将模型整体表面粘贴标记点的部位去除特征, 如图 5-35 所示。

图 5-35　标记点特征去除

(3) 整体去除特征完毕后, 因扫描数据的缺失或数据拟合不全, 模型的表面还是有部分孔洞, 所以要用填充单个孔的功能进行填补, 如图 5-36 所示。填充孔功能中可分为三种填充方法, 每种方法又可以选择三种方式填充。填充功能分为曲率填充、切线填充和平面填充; 填充方式分为内部孔、边界孔和桥接。根据孔的不同位置和不同形状, 可以选择不同的填充方法。孔填充完成后如图 5-37 所示。

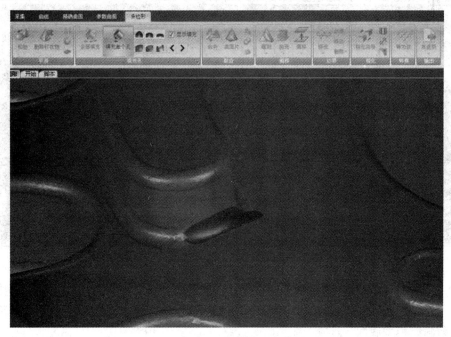

图 5-36　填充单个孔

图 5-37　孔填充完成

(4) 孔填充完成，模型整体的表面均已经完整，在将模型封闭实体之前还要将模型与世界坐标系的全局进行对齐。点击特征工具栏，选择创建平面点击最佳拟合，使用画笔工具涂取拟合平面的特征，如图 5-38 所示，选择接触特征，点击应用建立工作平面 1。

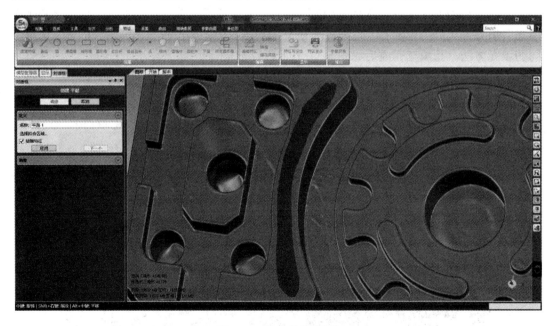

图 5-38　拟合接触平面

(5) 点击对齐工具栏，选择对齐到全局，输入平面选择 XY 平面，浮动平面为刚建立的平面 1，点击创建对确定，如图 5-39 所示，将模型与全局坐标系对齐，这样便于下一步的平面裁剪封闭模型底面。

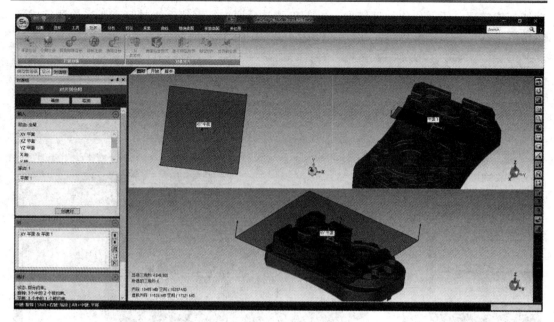

图 5-39　对齐到全局

（6）选择用平面裁剪，定义系统坐标系，使用全局坐标系，定义坐标系 XY 平面，X、Y 均为 0°，位置根据模型位置设置为–34.382 mm，点击平面截面删除所选择的红色区域部分，封闭相交面，如图 5-40 所示。

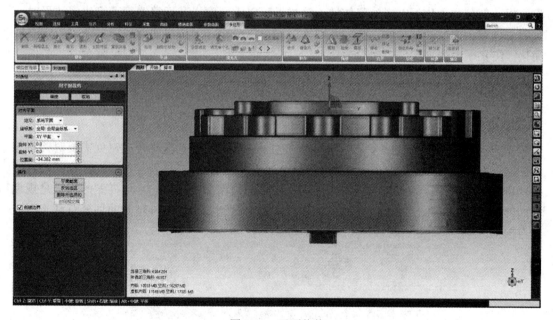

图 5-40　平面裁剪

（7）多边形阶段处理的最后一步是网格医生，该功能可以检查模型整体的结构，并分析优化模型。采集的点云数据有一定误差，使得点云质量不佳，构造出来的曲面上会有一些粗糙，有很多尖点，这一部分称为钉状物，需要对曲面片进行光顺化处理。该功能也能检查模型细小的平面部分是否有自相交，以及在填充孔阶段是否有遗漏的孔没有填充，该功能都能实现分析并优化处理模型。以上步骤完后要进行网络医生的筛查，当检测完成各项数值正常后就表示整体的简化过程是成功的，如图 5-41 所示。

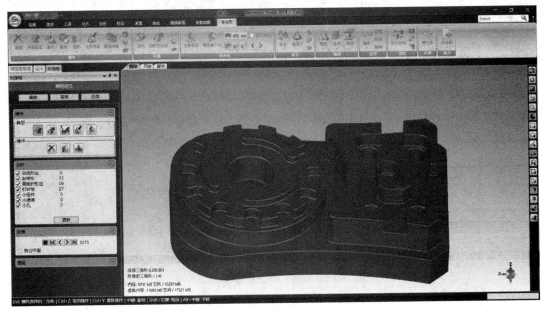

图 5-41　网格医生

整个数据模型的体量很大，为了提升运算速度，常用的方法就是减少三角曲面片的数量。将一部分面简化但不影响整体性，这样做可以大幅度提升运算速度。简化多边形时一定要注意数据模型的整体性，在大范围平面时可以简化，但如果曲面较为复杂，一定不能简化，防止模型失真。

5.3.3　曲面处理阶段

1. 划分曲面区域

同一模型中不同的面曲率是不相同的，为了让后面曲面片准确合成，就需要对曲率相近的模型曲面进行划分，曲面工具条如图 5-42 所示。划分的方法就是将不同曲率的面片分类，将同一曲率的区域归类，使得同一颜色区域的曲率都是相同的，这样做的优势是规划曲面的曲率，提高拟合精度。在曲面划分时一定要做到精确，这样精确的划分有利于下一步对模型的拟合。

图 5-42　曲面工具条

点击探测轮廓线，区域的曲率敏感度设为50，分隔符敏感度为50，最小面积为3.121 mm^2，点击计算，如图 5-43(a)所示。若参数不合适可以自行更改，计算完成点击抽取，将显示中区域颜色选中，点击确定，就可以探测出模型的轮廓线了，如图 5-43(b)所示。

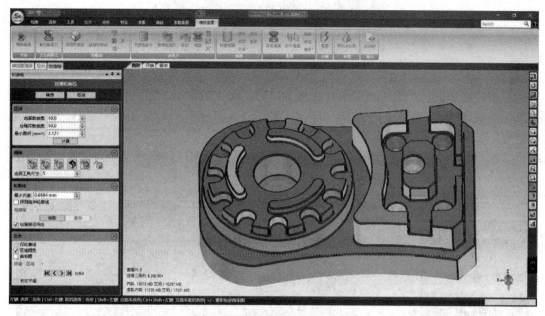

(a) 探测轮廓线和区域计算

(b) 零件轮廓线示意图

图 5-43　探测轮廓线划分区域

2. 修理曲面片

零件中曲面片软件通过自程序进行识别并加以处理，软件对处理零件面片的问题提供了有效的方法，但是软件处理的精度不一定精确，所以后续需要人为微调，曲面片工具条如图 5-44 所示。

图 5-44 曲面片工具条

点击构造曲面片,选中自动估计,检查路径相交点击确定,电脑会计算一段时间后生产细化的曲面片。曲面片的继续细化还是需要结合具体问题,灵活应用不同的修复工具进行修复,如图 5-45 所示。

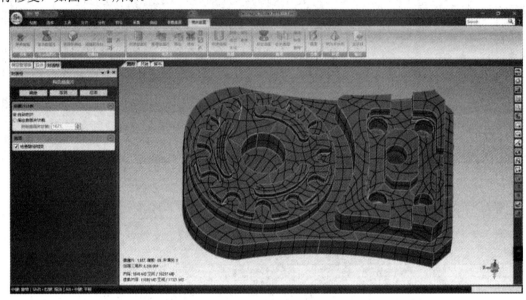

图 5-45 曲面片处理

3. 构造格栅

格栅数据就是将空间分割成有规律的网格,每一个网格称为一个单元,并在各单元上赋予相应的属性值来表示实体的一种数据形式。每一个单元(像素)的位置由它的行列号定义,所表示的实体位置隐含在格栅行列位置中,数据组织中的每个数据表示地物或现象的非几何属性,指向其属性的指针。面实体(区域)由具有相同属性的相邻格栅像元的块集合来表示,可以使模型更加精确化。构造格栅工具条如图 5-46 所示,分辨率设置为 20,选择修复相交区域、检查几何图形,点击确定。构造好的格栅如图 5-47 所示。

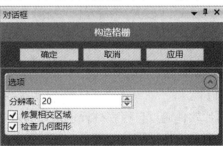

图 5-46 构造格栅工具条

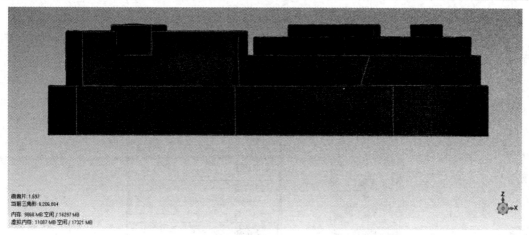

图 5-47　构造格栅

4. 拟合曲面

在将上述的处理工作完成后，就剩下曲面拟合了，拟合曲面工具条如图 5-48 所示。在曲面拟合时也有可能出现一些问题，比如零件表面不平滑，拼接失败等问题。出现了这些问题就必须返回之前的工序重新修改，直至得到曲面质量很好的零件，达到较好的拟合效果，如图 5-49 所示。

图 5-48　拟合曲面

图 5-49　曲面拟合完成

5. 转化为多边形

将拟合好的模型导出，成为建模软件通用的格式，如图 5-50 所示，将轮廓线删除，曲面片布局图保留点击确定，导出为.stl 的文件格式。

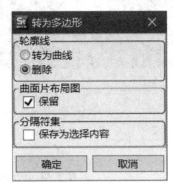

图 5-50　转为多边形

模型文件导好后可以使用其他三维建模软件打开查看逆向建立好的模型，若均能正常打开且模型可视化参数没有问题，则逆向建模全过程完成，就可以进行后续的生产了，建立完成的模型如图 5-51 所示。

图 5-51　模型建立完成

5.4　零件模型误差处理

精度是重构模型与实际零件表面之间的误差大小。很多研究人员去研究精度的问题，但是到目前为止也没有准确的精度标准，大多是研究人员的主观判断。对于三维曲面模型来讲，特别是本次的实验零件，因为表面较为复杂，只能用偏离程度来表达曲面的精度。

本节通过对重构曲面的误差分析，确定逆向工程模型的精度标准，反向分析零件的误差是否满足设计制造要求。

5.4.1　模型误差来源

模型的误差来源大多是由于测量方法和设备的不当使用，或者设备的不完善，或者周围环境的影响。随着科技和工业的不断进步，对误差的控制力越来越强，误差也会越来越小，但是误差并不会从根本上消除。在零件分析时，曲面精度的误差来自很多方面。具体误差如下：

(1) 实际零件本身的误差。逆向工程的数据误差是由于零件本身在加工时存在一定的加工偏差，使得模型尺寸与设计的标准尺寸有误差，从而使得逆向工程测量数据存在精度偏差。

(2) 逆向工程的测量误差。测量设备系统本身可能存在一定的误差，在逆向扫描操作工程中操作人员的测量方式方法的正确性和准确性也会造成不同程度的精度偏差，测量结果的精确度主要是由操作人员的熟练程度决定的，并且在实验过程中实验环境影响也很大。

(3) 点云的误差处理。点云数据收集完成后肯定会出现一定的孔洞，而在处理阶段时，人为填补孔洞都会造成一定的误差，在模型中做一些微调的时候就有可能改变整个模型的数值，人为的调整也是造成误差的主要来源之一。同时，在曲面处理阶段时，整体模型的光滑程度、边边角角的调整都会对整个模型的精度造成一定的偏差。

(4) 批量生产的误差。在一切软件处理完成后，要投入实际的工业生产。在生产制造中由于生产机器的精度问题可能还会出现一定的误差，并且加工的技术人员的操作手法也尤为关键。

总的来说实验的每一步都有可能出现错误，只能尽量地避免，做到误差的最小化。在设计时也要想到后期可能有误差的存在，应事先控制好整个产品的公差等级。

5.4.2　模型误差预防

从上文描述的多种情况来看，在逆向建模中，不论是数据测量、数据处理还是曲面重构，误差来源众多且几乎不可避免。为了将误差缩小，提高逆向建模的精度，必须将各项误差降低到设计公差允许的范围之内。在逆向过程中遇到零件误差时，应该及时分析误差的主要原因并及时调整。有关模型误差预防可以通过以下两方面进行论述。

1. 误差控制

逆向工程实验中每一步的误差都有可能是致命的，从实验开始的模型扫描，到后来的点云处理、曲面处理、拟合曲面，这其中的每一步都需要操作人员的认真和仔细。控制好误差需要提升操作人员的专业素养、控制实验环境并且需要定期维护扫描设备等。

2. 自动化测量

所谓自动化测量，就是领用计算机根据零件的自身结构特点自动生成测量程序。可以借助机械手臂等操纵测量仪器完成测量实验，经过计算上传测量数据，并简单做一些分析处理，也可以将测量数据去噪和简单预处理，最大程度消除人为误差。

5.4.3 实验中的误差处理

零件的误差处理是一个非常繁琐的过程，不仅需要满足精度和设计要求，而且需要检查出曲面的各种缺陷，如拐点、噪点、曲面波动等。同样，零件的美观也是非常重要的。本次实验中出现的误差及解决办法如下：

(1) 在扫描时，零件棱角处出现点云缺失造成的零件数据不完整，其主要原因是：在对零件喷涂时未喷涂到，导致此处具有金属光泽，扫描仪在进行激光扫描时对此处无法识别，导致点云缺失。补救措施是：将零件上的标定点全部撕掉，重新喷涂零件并重新扫描，或者是将点云缺失的部分重新扫描进行拼接，如图 5-52 所示。

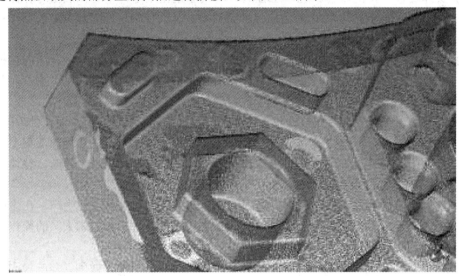

图 5-52　点云丢失图

(2) 在扫描零件时，要经过多次的扫描和拼接才能形成完整的点云数据，每一次旋转后扫描出来的图误差不能超过 0.05，超过 0.05 后质量不合格达不到标准就无法拼接。为了避免误差大于 0.05，一般扫描时旋转角度不超过 10°，当发现本次扫描质量不合格时，应删除本次扫描的点云，减小旋转角度重新扫描，如图 5-53 所示。

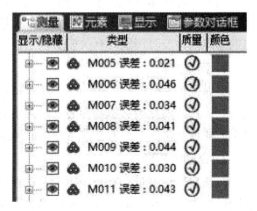

(a) 扫描质量不合格　　　　　　　　　　　　(b) 扫描质量合格

图 5-53　扫描质量对比图

（3）使用逆向工程软件 Geomagic Studio 时，在曲面拟合之前应先编辑轮廓线，如果轮廓线没有问题就可以进行曲面分类和拟合，但是往往会出现如图 5-54 所示轮廓线的偏移。解决办法是将多余的线删除，再描绘出轮廓线，并保证轮廓线与原零件的一致。

（a）轮廓线不合格　　　　　　　　　　　　　　（b）轮廓线合格

图 5-54　轮廓线对比图

（4）在区域分析时，会有大片的区域颜色不相同，如果直接进行拟合，零件的外形就会失真，因此，在这种情况下要对不同的面进行分类，最后一定是颜色越少越接近零件真实的样子，如图 5-55 所示。

（a）区域混乱　　　　　　　　　　　　　　　　　（b）区域合理

图 5-55　区域对比图

本 章 习 题

1. 什么是逆向工程？什么是实物逆向工程？

2. 逆向工程的应用领域有哪些？

3. 点云的平滑处理有哪些？

4. 多余的点云数据如何删除且不影响使用点云数据？

5. 分装后的数据分割方法有哪些？如何封闭平面？

6. 如图 5-56 所示，在点云注册时图中的红色和绿色部分分别表示什么？可采用什么方式注册多个点云数据？

图 5-56　分色图

7. 如图 5-57 所示，如何将左侧图的表面质量处理成右侧图的平滑状态？要使用到哪些指令？如何设置指令参数？

图 5-57　处理对比图

参 考 文 献

[1] 卜昆. 计算机辅助制造[M]. 北京：科学出版社，2015.

[2] 卜昆，张定华. 计算机辅助制造[M]. 西安：西北工业大学出版社，1995.

[3] 孙文焕. 计算机辅助设计和制造技术[M]. 西安：西北工业大学出版社，1994.

[4] 刘少岗，金秋. 3D 打印先进技术及应用[M]. 北京：机械工业出版社，2020.

[5] 王晓燕，朱琳. 3D 打印与工业制造[M]. 北京：机械工业出版社，2019.

[6] 徐元昌. 数控技术[M]. 北京：中国轻工业出版社，2004.

[7] 李体仁. 数控加工与编程技术[M]. 北京：北京大学出版社，2011.

[8] 王怀明，程广振. 数控技术及应用[M]. 北京：电子工业出版社，2011.

[9] 周保牛，黄俊桂. 数控编程与加工技术[M]. 北京：机械工业出版社，2019.

[10] 孟超平，康俐. 数控编程与操作[M]. 北京：机械工业出版社，2019.

[11] 孟庆波. 生产线数字化设计与仿真(NX MCD)[M]. 北京：机械工业出版社，2020.

[12] 郑维明. 智能制造数字孪生机电一体化工程与虚拟调试[M]. 北京：机械工业出版社，2020.

[13] 郑晓峰，李庆. 数控加工实训[M]. 北京：机械工业出版社，2020.

[14] 关雄飞. 数控加工工艺与编程[M]. 北京：机械工业出版社，2019.

[15] 何彩颖. 工业机器人离线编程[M]. 北京：机械工业出版社，2020.

[16] 叶晖. 工业机器人实操与应用技巧[M]. 北京：机械工业出版社，2017.

[17] 叶晖. 工业机器人工程应用虚拟仿真教程[M]. 北京：机械工业出版社，2014.

[18] 龚仲华. ABB 工业机器人从入门到精通[M]. 北京：化学工业出版社，2020.

[19] 陈琪，鲁庆东. 工业机器人编程与调试[M]. 北京：中国轻工业出版社，2021.

[20] 中国电子信息产业发展研究院. 数字孪生应用白皮书(2020 版) [M]. 北京：中国电子信息产业发展研究院，2020.

[21] 周祖德，娄平，萧筝. 数字孪生与智能制造[M]. 武汉：武汉理工大学出版社，2020.

[22] 李国琛. 数字孪生技术与应用[M]. 长沙：湖南大学出版社，2020.